有害生物风险分析

潘绪斌　著

本书由科技部国家重点研发计划课题"跨境隐存高危因子智能风险分析和控制技术研究"（2018YFF0214905）和市场监管综合保障经费"外来有害生物口岸防控技术支撑专项"资助

科学出版社

北京

内 容 简 介

本书立足植物检疫行业需求，结合理论发展与技术创新，系统论述了有害生物风险分析。全书共 10 章，"法律法规"（第一章）和"标准"（第二章）是植物检疫工作的主要依据，两者确定的"术语"（第三章）决定了分析"方法"（第四章）、明确了"数据"（第五章）需求，紧接着的三章——"有害生物"（第六章）、"名录"（第七章）和"路径"（第八章）分别介绍三种不同类型的风险分析，第九章是对各种"管理"方案的系统性梳理，第十章"交流"将前述章节串联成一个整体。

本书既可作为植物检疫工作者的参考书籍，也可作为植物检疫专业本科生与研究生的学习教材，还可作为生物安全风险管理的培训资料。

审图号：GS（2020）5019号

图书在版编目（CIP）数据

有害生物风险分析/潘绪斌著. —北京：科学出版社，2020.10
ISBN 978-7-03-065993-4

Ⅰ. ①有… Ⅱ. ①潘… Ⅲ. ①有害植物‐植物检疫‐风险分析 ②有害动物‐动物检疫‐风险分析 Ⅳ. ① S40

中国版本图书馆 CIP 数据核字（2020）第166319号

责任编辑：张静秋 韩书云 / 责任校对：严 娜
责任印制：赵 博 / 封面设计：蓝正设计

科 学 出 版 社 出版

北京东黄城根北街16号
邮政编码：100717
http://www.sciencep.com

保定市中画美凯印刷有限公司印刷
科学出版社发行 各地新华书店经销

*

2020年10月第 一 版 开本：787×1092 1/16
2025年1月第四次印刷 印张：10
字数：240 000

定价：68.00元
（如有印装质量问题，我社负责调换）

作　者　简　介

潘绪斌，安徽安庆人。现为中国检验检疫科学研究院有害生物风险分析专家、中国农业大学硕士研究生兼职导师、《WTO/SPS 协定》国外通报评议组成员、IPPC Guide on Pest Status 工作组成员、IPPC Contaminant Pest 工作组成员、IPBES Task Force on Knowledge and Data 成员。

作者在中国检验检疫科学研究院工作期间，组织完成马铃薯甲虫、地中海实蝇等多种检疫性有害生物风险分析，参与推动检疫性有害生物名录制修订方法的发展，牵头撰写多项植物产品输华有害生物风险分析报告，积极参与国际、国内有害生物风险分析培训与研讨。主持完成的《限定性有害生物名录指南》被国家市场监督管理总局标准技术管理司列为重要标准解读。2019 年为《植物检疫》期刊组织了"有害生物风险分析"专刊，同年，与赵紫华博士共同为《植物保护学报》组织了"生物入侵"专栏。

作者受何芳良教授和中性理论提出者 Stephen P. Hubbell 教授 2011 年发表在 *Nature* 上的文章 "Species-Area Relationships Always Overestimate Extinction Rates from Habitat Loss" 的启发，从厘清基本概念出发，通过逻辑推理和模型运算重构种面积理论。通过从源头梳理"物种"和"面积"生态学两大基本概念，利用集合论基本框架，通过扩展共有种面积关系（OAR）的定义，用两个基本公式完美实现了种面积关系（SAR）、特有种面积关系（EAR）、OAR 的定量关系。在此基础上，从两个区域扩展到多个区域，将 EAR 和 OAR 充实到新的 β 生物多样性里，从而构建了 α 生物多样性和 β 生物多样性分别与 γ 生物多样性的定量关系。在特定情况下，β 生物多样性还可与相对物种多度关系相联系。同时，将种面积理论创新运用到抽样实践中，发现了与 Preston 效应对应的 Pan 效应，强调了由抽样问题导致的马太效应。上述工作围绕生物多样性在数学上的集合论本质实现种面积理论重构，完成了 SAR、EAR、OAR、α 生物多样性、β 生物多样性、γ 生物多样性、相对物种多度等概念在新框架下的定量关系及在幂律和随机放置两种模型下的数学表达式，克服了传统生态学研究中因为抽样限制对定量关系的干扰，为生物多样性研究公理化及理论大统一奠定了基础，体现了科学的简约、对称和统一。

作者发表两个种面积基本公式（$O_a = S_a - E_a$ 与 $E_a = E_A - S_{A-a}$）的文章，在 *Nature Communications* 发表的 "On the Decline of Biodiversity Due to Area Loss" 中被引用。该文章也被列入种面积关系研究系列论文，"Arrhenius，1921；Gleason，1922；Williams，1943；Preston，1960，1962；MacArthur & Wilson，1963，1967；Connor & McCoy，1979；Allen & White，2003；Scheiner，2003，2004；Turner & Tjørve，2005；Tjørve & Tjørve，2008；Tjørve et al.，2008；Triantis et al.，2008，2012；Santos et al.，2010；Whittaker & Triantis，2012；**Pan，2013**；Whittaker & Matthews，2014；Matthews et al.，2014，2015"（Sérgio P. Ávila 等 2019 年发表于 *Biological Reviews* 的文章 "Towards A 'Sea-Level Sensitive' Dynamic Model：Impact of Island Ontogeny and Glacio-eustasy on Global Patterns of Marine Island Biogeography" 列举上述论文名单）。理论生态学家 Robert May 对此评论为 "I think it really is a very nice piece of work"（我认为这是一项非常好的工作）。

序
Preface

2019 年 6 月，我到中国检验检疫科学研究院植物检验与检疫研究所任职，回归科研工作，潘绪斌博士告诉我，要撰写《有害生物风险分析》这本书。2020 年 8 月，潘绪斌博士送来书稿，请我作序。第一次被约作序，我犹豫片刻，答应了。

我与有害生物风险分析（pest risk analysis，PRA）结缘，始于 20 世纪 90 年代我从南京农业大学毕业，到中国检验检疫科学研究院植物检验与检疫研究所的前身——农业部植物检疫实验所工作后不久。当时已离休的季良所长，曾带领一批前辈专家，对有害生物风险分析的研究已达世界领先水平；梁忆冰研究员主持建立的有害生物信息系统，至今仍是该领域最权威的平台（http://www.pestchina.com/）；徐岩研究员是我国最早参与有害生物风险分析国际标准制定的专家。21 世纪初，我有幸负责过一段时间 PRA 办公室的工作，在向上述专家学习的同时，我系统查阅文献，积极与国际同行交流，于 2003 年主编出版了《有害生物风险分析》，总结了当时的研究成果。在此书的后记中，我写道："希望这本书能抛砖引玉。我期待着更多更好的 PRA 的文章和书的问世。"遗憾的是，书问世后不久，我就听从组织安排离开了科研岗位，虽然也参编了同学周国梁主编、2013 年出版的《有害生物风险定量评估原理与技术》，但一直没能再去研究有害生物风险分析。因此，很高兴看到年轻的新一代科研工作者——潘绪斌博士，2012 年来到植物检验与检疫研究所后，由国家生物安全专项专家组成员、在有害生物风险分析领域耕耘不懈的严进研究员带领，继承和持续深入研究有害生物风险分析，积极参与《国际植物保护公约》《生物多样性公约》等的相关活动，并及时总结自己最新的研究成果，奉献给读者一本有思想的著作。这本书不拘一格，思路开阔，视角独特，锐意创新，值得一读。

2020 年 2 月 14 日，习近平总书记在中央全面深化改革委员会第十二次会议上发表重要讲话，指出："要从保护人民健康、保障国家安全、维护国家长治久安的高度，把生物安全纳入国家安全体系，系统规划国家生物安全风险防控和治理体系建设，全面提高国家生物安全治理能力。"有害生物是生物安全的重大威胁之一。据联合国粮食及农业组织统计，全世界每年被有害生物夺去的谷物为预计收成的 20%～40%，经济损失达两千亿美元。为提升全球保护植物、保护生命的意识，联合国把 2020 年确定为国际植物健康年。做好风险分析，是应对有害生物威胁，采取植物检疫措施，维护国家生物安全乃至国家安全的基础。希望这本书的出版，能够进一步推进我国有害生物风险分析工作。希望在周恩来总理关怀下建立和发展起来的植物检验与检疫研究所，能够把有害生物风险分析工作坚持下去，也希望我国的有害生物风险分析工作能够继续得到各方面的重视，支持相关科学研究和技术开发，进一步开拓创新、引领未来，并在"一带一路"框架内深化国际合作，为维护国际生物安全、建设人类命运共同体做出应有的贡献。

李尉民

2020 年 9 月 1 日于北京亦庄

前　言
Foreword

成语"防微杜渐"出自《后汉书·丁鸿传》："若敕政责躬，杜渐防萌，则凶妖消灭，害除福凑矣"，告诉我们一定要关注潜在的风险，不要等到灾害发生特别是暴发时再去处理，那时的损失可能是巨大的。因此在植物保护、环境保护、生物安全等领域均特别强调"预防为主"，这就要求必须做好风险分析工作，洞烛机先、有的放矢。

植物检疫行业的有害生物风险分析是指预先通过信息收集和风险研判，聚焦特定的有害生物并采取有针对性的官方管理措施，防止其进入受威胁国家/地区或定殖，从而御有害生物于区域外。作为植物检疫工作的核心，有害生物风险分析是国家主权的象征、国际履约的需要、全球贸易的通行证、植物健康的护身符，也是行业发展的号令旗。

如今面对潮水般涌入的海量跨境有害生物，检疫人员深感形势严峻、责任重大，风险分析正是我们手中最重要的武器。然而要做好有害生物风险分析却不容易——数据常常缺失、类群多种多样、时间总是不够，人员、经费往往得不到保证。如何更好地开展有害生物风险分析工作？这需要我们回顾历史、总结经验、不断完善工作。

在本书写作过程中，我重新学习了《有害生物风险分析》（李尉民，2003）、*Plant Pest Risk Analysis：Concepts and Application*（Devorshak，2012）、《有害生物风险定量评估原理与技术》（周国梁，2013）、《植物检疫学》（朱水芳等，2019）和《国门生物安全》（李尉民，2020）等书籍，以及国际植物卫生措施标准、区域植物保护组织标准、国家标准与行业标准。已定期发行40多年的专业学术期刊《植物检疫》（ISSN：1005-2755）也是本书重要的参考资料。

在构思和撰写本书时，我更加深刻理解了"检疫性有害生物"和"管制的非检疫性有害生物"这两个概念是科学开展植物检疫有害生物风险分析的关键，以这两个概念为中心向前、向后展开就自然形成了本书的各个章节。正如术语不断增删、标准持续修订，我们对有害生物的认识、对风险分析的运用、对人与自然的思考也在不断发展、变化。

本书仅代表个人学术观点，实际工作需按照最新版的法律法规与标准执行。在撰写书稿时我发现自己对当前植物检疫体系的内在逻辑及个别术语的中文翻译还不能完全掌握，因此仅按照个人理解进行了论述，恳请大家指正。因能力有限、时间仓促，如有文献引用不全、内容值得商讨、语句仍需润色之处，欢迎诸位同行和广大读者提出宝贵意见，进行有建设性的学术交流，从而共同推动有害生物风险分析工作的开展。本书将尽快再版并针对这些问题作系统性修订和完善。

潘绪斌

2020 年 6 月 24 日于北京惠新里

目　录
Contents

第一章 法律法规

夫法者，所以兴功惧暴也；律者，所以定分止争也；令者，所以令人知事也。

——管仲，《管子·七臣七主》

植物检疫具有"法规防治"的突出特点（季良，1984；耿秉晋，1987；梁忆冰，2002），它的工作对象是管制性有害生物（又称限定性有害生物），英文名称为"regulated pest"，可见植物检疫与法规（regulation）的天然联系。因此植物检疫行业高度重视相关法规的制定和修订，国际上有《国际植物保护公约》和《实施卫生与植物卫生措施协定》，我国有《中华人民共和国进出境动植物检疫法》《植物检疫条例》和《中华人民共和国生物安全法》（自 2021 年 4 月 15 日起施行）。为有效保护植物资源、防控植物有害生物全球扩散、维护全球贸易正常进行，切实保障植物检疫体系顺利运行，作为植物检疫的核心工作——有害生物风险分析必须依据规范性文件即法律法规开展。

根据中华人民共和国海关总署动植物检疫司的机构职能"拟订出入境动植物及其产品检验检疫的工作制度，承担出入境动植物及其产品的检验检疫、监督管理工作，按分工组织实施风险分析和紧急预防措施，承担出入境转基因生物及其产品、生物物种资源的检验检疫工作"，可见现行出入境植物检疫行政监管体系工作内容涵盖了转基因生物及其产品和生物物种资源，成为国门生物安全体系的一个有机组成部分（李尉民，2020）。本书将聚焦植物及其产品检疫工作中的有害生物风险分析，对与其密切相关的动物及其产品检疫、转基因生物及其产品、生物物种资源等将不作过多阐述。

第一节 条约协定

植物检疫工作聚焦有害生物跨区域传播，与国际人员交流、经济贸易往来密切相关，具有鲜明的涉外性质。根据《中华人民共和国缔结条约程序法》和《维也纳条约法公约》等文件，在开展有害生物风险分析工作时，既要符合我国已签订的《国际植物保护公约》《实施卫生与植物卫生措施协定》等国际条约协定精神，又要遵循《中华人民共和国进出境动植物检疫法》《植物检疫条例》等国内法律法规的要求。《中华人民共和国进出境动植物检疫法》第四十七条规定"中华人民共和国缔结或者参加的有关动植物检疫的国际条约与本法有不同规定的，适用该国际条约的规定。但是，中华人民共和国声明保留的条款除外。"

一、《国际植物保护公约》

已有 180 多个国家签署的政府间条约《国际植物保护公约》（International Plant Protection Convention，简称 IPPC）意在保护全球植物资源免受有害生物传入与扩散危害，促进安全贸易。它与国际食品法典委员会（Codex Alimentarius Commission，CAC）及世界动物卫生组织（World Organization for Animal Health，Office International des Epizooties，OIE）并称为世界贸易组织（World Trade Organization，WTO）《实施卫生与植物卫生措施协定》（Agreement on the Application of Sanitary and Phytosanitary Measures，简称 SPS）的"三姐妹"（three sisters）。《国际植物保护公约》秘书处（IPPC Secretariat）成立于 1992 年，位于罗马的联合国粮食及农业组织（Food and Agriculture Organization，FAO）总部。2005 年中国加入 IPPC，《国际植物保护公约》履约办公室设在中华人民共和国农业农村部。《国际植物保护公约》（1997 年新修订文本）中第Ⅳ条明确官方国家植物保护机构（Official National Plant Protection Organization）的职责之一就是开展有害生物风险分析（pest risk analysis，简称 PRA），第Ⅷ条中要求各缔约方应尽可能地提供有害生物风险分析所需的技术与生物信息。

2016～2019 年 IPPC 的年度主题分别为"植物健康与食品安全""植物健康与贸易便利化""植物健康与环境保护"及"植物健康与能力提升"。2020 年是国际植物健康年（International Year of Plant Health，IYPH）（图 1-1）。IPPC 近年的重点工作体现了对规划引领、标准制定、风险管理、贸易促进、能力建设、沟通宣传工作的重视（王福祥，2020）。

A 　　　　　B

国际植物健康年
2020

图 1-1　《国际植物保护公约》（A）和国际植物健康年（B）
（来源：IPPC）

二、《实施卫生与植物卫生措施协定》

世界贸易组织《实施卫生与植物卫生措施协定》旨在为保护人类、动物、植物的生命与健康而在国际贸易中采取基于科学的必要措施。2001 年，中国加入世界贸易组织，中国政府世界贸易组织通报咨询局设在中华人民共和国商务部。SPS 第 5 条对风险评估（assessment of risk）做了明确的规定，指出卫生与植物卫生措施应该基于对人类、动物、植物的生命与健康的风险评估，可以参考相关国际组织发展的评估方法，其中就包括《国际植物保护公约》相关机构。

SPS 与 IPPC 有着密切的联系。SPS 需要相关国际组织特别是在标准等技术层面的支持，而 IPPC 为了配合 SPS 的需要在 1997 年对《国际植物保护公约》进行了重大修订，成立了植物卫生措施委员会（Commission on Phytosanitary Measures，CPM）（Ebbels，2003）。

三、其他条约协定

与植物检疫工作密切相关的国际公约还有《生物多样性公约》（Convention on Biological Diversity，CBD）[《卡塔赫纳生物安全议定书》（Cartagena Protocol on Biosafety）和《关于获取遗传资源和公正公平分享其利用所产生惠益的名古屋议定书》（Nagoya Protocol on Access and Benefit-sharing）]、《联合国海洋法公约》（United Nations Convention on the Law of the Sea）、《濒危野生动植物种国际贸易公约》（Convention on International Trade in Endangered Species of Wild Fauna and Flora）、《国际船舶压载水和沉积物控制与管理公约》（Convention for the Control and Management of Ships Ballast Water and Sediments）、《关于持久性有机污染物的斯德哥尔摩公约》（Stockholm Convention on Persistent Organic Pollutants）、《禁止细菌（生物）及毒素武器的发展、生产及储存以及销毁这类武器的公约》[Convention on the Prohibition of the Development，Production and Stockpiling of Bacteriological（Biological）and Toxin Weapons and on Their Destruction] 等。

CBD 的目标是"按照本公约有关条款从事保护生物多样性，持久使用其组成部分以及公平合理分享由利用遗传资源而产生的惠益；实现手段包括遗传资源的适当取得及有关技术的适当转让，但需顾及对这些资源和技术的一切权利，以及提供适当资金。"根据公约全文确定了主权、预先防范、就地保护为主移地保护为辅、国际合作的原则（朱水芳等，2019；李尉民，2020）。2010 年《生物多样性公约》缔约方大会通过了"爱知生物多样性目标"，其纲要目标第九条是在战略目标 B（减少生物多样性的直接压力并促进其可持续利用）下，明确"到 2020 年，明确外来入侵物种及其相应路径并确定重点关注物种，重点关注物种能得到控制或者根除，同时制定针对外来有害生物入侵、传播路径和定殖的防控措施"（潘绪斌等，2015）。2018 年《生物多样性公约》缔约方大会通过了"14/11 外来入侵物种"的决定。

2017 年正式生效的世界贸易组织《贸易便利化协定》（Trade Facilitation Agreement，TFA）的第五条"增强公正性、非歧视性及透明度的其他措施"明确规定"如一成员采用或设立对其有关主管机关发布通知或指南的系统，旨在增强对通知或指南所涵盖食品、饮料或饲料的边境监管或检查水平以保护其领土内的人类、动物或植物的生命或健康，则通知或指南的发布、终止或中止的方式应适用以下纪律：（a）该成员可酌情根据风险评估发布通知或指南。"

第二节 国内法律法规

目前国内与植物检疫相关的法律和行政法规有《中华人民共和国进出境动植物检疫法》《植物检疫条例》《中华人民共和国食品安全法》《中华人民共和国海关法》《中华人民共和国农业法》《中华人民共和国渔业法》《中华人民共和国森林法》《中华人民共和国种子法》《中华人民共和国草原法》《中华人民共和国港口法》《中华人民共和国铁路法》《中华人民共和国民用航空法》《中华人民共和国邮政法》《中华人民共和国电子商务法》《消耗臭氧层物质管理条例》《中华人民共和国行政许可法》《中华人民共和国农产品质量安全法》《中华人民共和国船舶吨税法》《中华人民共和国对外贸易法》等。从上述法律法规的名称与条文内容可以看出，当前我国植物检疫主要是以《中华人民共和国进出境动植物检疫法》和《植物检疫条例》为工作依据，其他法律法规是基于有害生物管理协调、传播路径等进行的补充与衔接。

一、国内现行检疫相关法规

《中华人民共和国进出境动植物检疫法》（1991 年 10 月 30 日中华人民共和国主席令第 53 号公布）规定对"进出境的动植物、动植物产品和其他检疫物，装载动植物、动植物产品和其他检疫物的装载容器、包装物，以及来自动植物疫区的运输工具"实施检疫。《进出境动植物检疫法实施条例》（1996 年 12 月 2 日中华人民共和国国务院令第 206 号公布）对上述法律作了更为详细的说明。2018 年出入境检验检疫管理职责和队伍划入海关总署。

《植物检疫条例》（2017 年中华人民共和国国务院令第 687 号对第十三条进行了修订）规定"国务院农业主管部门、林业主管部门主管全国的植物检疫工作"。第二十二条特别指出"进出口植物的检疫，按照《中华人民共和国进出境动植物检疫法》的规定执行。"农业主管部门、林业主管部门分别制定了《植物检疫条例实施细则（农业部分）》和《植物检疫条例实施细则（林业部分）》。

《中华人民共和国食品安全法》（2018 年修正）第九十一条规定"国家出入境检验检疫部门对进出口食品安全实施监督管理"。第九十二条规定"进口的食品、食品添加剂应当经出入境检验检疫机构依照进出口商品检验相关法律、行政法规的规定检验合格。进口的食品、食品添加剂应当按照国家出入境检验检疫部门的要求随附合格证明材料"。第九十三条规定"出入境检验检疫机构按照国务院卫生行政部门的要求，对前款规定的食品、食品添加剂、食品相关产品进行检验。检验结果应当公开"。第九十五条规定"境外发生的食品安全事件可能对我国境内造成影响，或者在进口食品、食品添加剂、食品相关产品中发现严重食品安全问题的，国家出入境检验检疫部门应当及时采取风险预警或者控制措施，并向国务院食品安全监督管理、卫生行政、农业行政部门通报。接到通报的部门应当及时采取相应措施。县级以上人民政府食品安全监督管理部门对国内市场上销售的进口食品、食品添加剂实施监督管理。发现存在严重食品安全问题的，国务院食品安全监督管理部门应当及时向国家出入境检验检疫部门通报。国家出入境检验检疫部门应当及时采取相应措施"。第九十六条规定"向我国境内出口食品的境外出口商或者代理商、进口食品的进口商应当向国家出入境检验检疫部门备案。向我国境内出口食品的境外食品生产企业应当经国家出入境检验检疫部门注册。已经注册的境外食品生产企业提供虚假材料，或者因其自身的原因致使进口食品发生重大食品安全事故的，国家出入境检验检疫部门应当撤销注册并公告。国家出入境检验检疫部门应当定期公布已经备案的境外出口商、代理商、进口商和已经注册的境外食品生产企业名单"。第九十九条规定"出口食品生产企业和出口食品原料种植、养殖场应当向国家出入境检验检疫部门备案"。第一百条规定"国家出入境检验检疫部门应当收集、汇总下列进出口食品安全信息，并及时通报相关部门、机构和企业：（一）出入境检验检疫机构对进出口食品实施检验检疫发现的食品安全信息……国家出入境检验检疫部门应当对进出口食品的进口商、出口商和出口食品生产企业实施信用管理，建立信用记录，并依法向社会公布。对有不良记录的进口商、出口商和出口食品生产企业，应当加强对其进出口食品的检验检疫"。第一百零一条规定"国家出入境检验检疫部门可以对向我国境内出口食品的国家（地区）的食品安全管理体系和食品安全状况进行评估和审查，并根据评估和审查结果，确定相应检验检疫要求"。第一百二十九条规定"违反本法规定，有下列情形之一的，由出入境检验检疫机构依照本法第一百二十四条的规定给予处罚……违反本法规定，进口商未建立并遵守食品、食品添加剂进口和销售记录制度、境外出口商或者生产企业审核制度的，由出入境检验检疫机构依照本法第一百二十六条的规定给予处罚"。第一百五十二条规定"国境口岸食品的监督管理由出入境检验检疫机构依照本法以及有关法律、行政法规的规定实施"。《中华人民共和国食品安全法实施条例》（2019 年 10 月 11 日中华人民共和国国务院令第 721 号）对上述法律作了更为详细的说明。

《中华人民共和国海关法》（2017 年第五次修正）第二十七条规定"进口货物的收货人经海关同意，可以在申报前查看货物或者提取货样。需要依法检疫的货物，应当在检疫合格后提取货样。"

《中华人民共和国农业法》（2012 年第二次修正）第二十四条规定"国家实行动植物防疫、检疫制度，健全动植物防疫、检疫体系，加强对动物疫病和植物病、虫、杂草、鼠害的监测、预警、防治，建立重大动物疫情和植物病虫害的快速扑灭机制，建设动物无规定疫病区，实施植物保护工程"。第三十七条规定"国家建立和完善农业支持保护体系，采取财政投入、税收优惠、金融支持等措施，从资金投入、科研与技术推广、教育培训、农业生产资料供应、市场信息、质量标准、检验检疫、社会化服务以及灾害救助等方面扶持农民和农业生产经营组织发展农业生产，提高农民的收入水平"。第三十八条规定"各级人民政府在财政预算内安排的各项用于农业的资金应当主要用于：加强农业基础设施建设；支持农业结构调整，促进农业产业化经营；保护粮食综合生产能力，保障国家粮食安全；健全动植物检疫、防疫体系，加强动物疫病和植物病、虫、杂草、鼠害防治；建立健全农产品质量标准和检验检测监督体系、农产品市场及信息服务体系；支持农业科研教育、农业技术推广和农民培训；加强农业生态环境保护建设；扶持贫困地区发展；保障农民收入水平等"。

《中华人民共和国渔业法》（2013 年第四次修正）第十七条规定"水产苗种的进口、出口必须实施检疫，防止病害传入境内和传出境外，具体检疫工作按照有关动植物进出境检疫法律、行政法规的规定执行。引进转基因水产苗种必须进行安全性评价，具体管理工作按照国务院有关规定执行。"

《中华人民共和国森林法》（2019 年修订）第三十五条规定"县级以上人民政府林业主管部门负责本行政区域的林业有害生物的监测、检疫和防治。省级以上人民政府林业主管部门负责确定林业植物及其产品的检疫性有害生物，划定疫区和保护区。"

《中华人民共和国种子法》（2015 年修订）第三十二条规定"从事种子生产的，还应当同时具有繁殖种子的隔离和培育条件，具有无检疫性有害生物的种子生产地点或者县级以上人民政府林业主管部门确定的采种林"。第三十四条规定"种子生产应当执行种子生产技术规程和种子检验、检疫规程"。第四十一条规定"标签应当标注种子类别、品种名称、品种审定或者登记编号、品种适宜种植区域及季节、生产经营者及注册地、质量指标、检疫证明编号、种子生产经营许可证编号和信息代码，以及国务院农业、林业主管部门规定的其他事项"。第四十三条规定"运输或者邮寄种子应当依照有关法律、行政法规的规定进行检疫"。第四十九条规定"下列种子为劣种子……（三）带有国家规定的检疫性有害生物的"。第五十四条规定"从事品种选育和种子生产经营以及管理的单位和个人应当遵守有关植物检疫法律、行政法规的规定，防止植物危险性病、虫、杂草及其他有害生物的传播和蔓延。禁止任何单位和个人在种子生产基地从事检疫性有害生物接种试验"。第五十七条规定"进口种子和出口种子必须实施检疫，防止植物危险性病、虫、杂草及其他有害生物传入境内和传出境外，具体检疫工作按照有关植物进出境检疫法律、行政法规的规定执行"。第八十七条规定"违反本法第五十四条规定，在种子生产基地进行检疫性有害生物接种试验的，由县级以上人民政府农业、林业主管部门责令停止试验，处五千元以上五万元以下罚款"。

《中华人民共和国草原法》（2002年修订）第二十九条规定"县级以上人民政府草原行政主管部门应当依法加强对草种生产、加工、检疫、检验的监督管理，保证草种质量。"

《中华人民共和国港口法》（2018年第三次修正）第十七条规定"港口的危险货物作业场所、实施卫生除害处理的专用场所，应当符合港口总体规划和国家有关安全生产、消防、检验检疫和环境保护的要求，其与人口密集区和港口客运设施的距离应当符合国务院有关部门的规定；经依法办理有关手续后，方可建设。"

《中华人民共和国铁路法》（2015年第二次修正）第五十六条规定"在车站和旅客列车内，发生法律规定需要检疫的传染病时，由铁路卫生检疫机构进行检疫；根据铁路卫生检疫机构的请求，地方卫生检疫机构应予协助。货物运输的检疫，依照国家规定办理。"

《中华人民共和国民用航空法》（2018年第五次修正）第一百八十条规定"外国民用航空器及其所载人员、行李、货物，应当接受中华人民共和国有关主管机关依法实施的入境出境、海关、检疫等检查。"

《中华人民共和国邮政法》（2012年修正）第三十一条规定"进出境邮件的检疫，由进出境检验检疫机构依法实施。"《快递暂行条例》（2018年3月2日中华人民共和国国务院令第697号）针对快递业作了更为详细的说明。

《中华人民共和国电子商务法》（2018年）第七十一条规定"国家促进跨境电子商务发展，建立健全适应跨境电子商务特点的海关、税收、进出境检验检疫、支付结算等管理制度，提高跨境电子商务各环节便利化水平，支持跨境电子商务平台经营者等为跨境电子商务提供仓储物流、报关、报检等服务"。第七十二条规定"国家进出口管理部门应当推进跨境电子商务海关申报、纳税、检验检疫等环节的综合服务和监管体系建设，优化监管流程，推动实现信息共享、监管互认、执法互助，提高跨境电子商务服务和监管效率。跨境电子商务经营者可以凭电子单证向国家进出口管理部门办理有关手续"。

《消耗臭氧层物质管理条例》（2010年4月8日中华人民共和国国务院令第573号）第十条规定"消耗臭氧层物质的生产、使用单位，应当依照本条例的规定申请领取生产或者使用配额许可证。但是，使用单位有下列情形之一的，不需要申请领取使用配额许可证……（三）出入境检验检疫机构为了防止有害生物传入传出使用消耗臭氧层物质实施检疫的"。第二十四条规定"列入《出入境检验检疫机构实施检验检疫的进出境商品目录》的消耗臭氧层物质，由出入境检验检疫机构依法实施检验"。

《中华人民共和国行政许可法》（2019 年修正）第十二条规定"下列事项可以设定行政许可……（四）直接关系公共安全、人身健康、生命财产安全的重要设备、设施、产品、物品，需要按照技术标准、技术规范，通过检验、检测、检疫等方式进行审定的事项"。第二十八条规定"对直接关系公共安全、人身健康、生命财产安全的设备、设施、产品、物品的检验、检测、检疫，除法律、行政法规规定由行政机关实施的外，应当逐步由符合法定条件的专业技术组织实施。专业技术组织及其有关人员对所实施的检验、检测、检疫结论承担法律责任"。第三十九条规定"行政机关实施检验、检测、检疫的，可以在检验、检测、检疫合格的设备、设施、产品、物品上加贴标签或者加盖检验、检测、检疫印章"。第四十四条规定"行政机关作出准予行政许可的决定，应当自作出决定之日起十日内向申请人颁发、送达行政许可证件，或者加贴标签、加盖检验、检测、检疫印章"。第四十五条规定"行政机关作出行政许可决定，依法需要听证、招标、拍卖、检验、检测、检疫、鉴定和专家评审的，所需时间不计算在本节规定的期限内"。第五十五条规定"实施本法第十二条第四项所列事项的行政许可的，应当按照技术标准、技术规范依法进行检验、检测、检疫，行政机关根据检验、检测、检疫的结果作出行政许可决定。行政机关实施检验、检测、检疫，应当自受理申请之日起五日内指派两名以上工作人员按照技术标准、技术规范进行检验、检测、检疫。不需要对检验、检测、检疫结果作进一步技术分析即可认定设备、设施、产品、物品是否符合技术标准、技术规范的，行政机关应当当场作出行政许可决定。行政机关根据检验、检测、检疫结果，作出不予行政许可决定的，应当书面说明不予行政许可所依据的技术标准、技术规范"。

《中华人民共和国农产品质量安全法》（2018 年修正）第三十一条规定"依法需要实施检疫的动植物及其产品，应当附具检疫合格标志、检疫合格证明。"

《中华人民共和国船舶吨税法》（2017 年）第十一条规定"符合本法第九条第一款第五项至第九项、第十条规定的船舶，应当提供海事部门、渔业船舶管理部门或者出入境检验检疫部门等部门、机构出具的具有法律效力的证明文件或者使用关系证明文件，申明免税或者延长吨税执照期限的依据和理由。"

《中华人民共和国对外贸易法》（2004 年修订）第二十一条规定"国家实行统一的商品合格评定制度，根据有关法律、行政法规的规定，对进出口商品进行认证、检验、检疫"。第三十四条规定"在对外贸易活动中，不得有下列行为……（四）逃避法律、行政法规规定的认证、检验、检疫"。

除此之外，《中华人民共和国国家安全法》和《中华人民共和国刑法》也与国门生物安全密切相关（李蔚民，2020）。《最高人民检察院、公安部关于公安机关管辖的刑事案件立案追诉标准的规定（一）的补充规定》第 9 条明确了妨害动植物防疫、检疫案的立案追诉标准。根据刑法修正案（七）对刑法第 337 条第 1 款的修改，对《立案追诉标准（一）》第 59 条作了 4 处修改：一是修改了罪案名称，将"逃避动植物检疫案"修改为"妨害动植物防疫、检疫案"；二是删除了原规定的"引起重大动植物疫情"应予立案追诉的具体情形，在第 1 款作出原则性规定；三是明确了引起重大动植物疫情危险，情节严重的具体情形；四是明确了"重大动植物疫情"按照国家行政主管部门的有关规定确定。

二、未来检疫相关法律法规制修订

1991 年审议通过的《中华人民共和国进出境动植物检疫法》为依法施检开创了新局面（陈仲梅，1992）。该法自 1992 年施行以来，促进了进出境动植物检疫工作基本框架体系的建立，能够更好地发挥把关和服务作用，不过随着经济贸易形势的变化，有必要根据时代发展修法从而完善动植物检疫法律法规体系（蒋国辉和黄玉青，2009；周明华等，2017）。2018 年出入境检验检疫管理职责和队伍划入海关总署，涉及该法与《中华人民共和国海关法》相互协调的问题（马忠法和吴松浩，2010）。

从前述法律法规介绍可以看出检疫既涉及进出境的外检，也包括了领域内的内检。卫生检疫有《中华人民共和国传染病防治法》和《中华人民共和国国境卫生检疫法》，动物检疫也有《中华人民共和国动物防疫法》。尽管 2011 年相关部门曾有过一次植物保护法的推动，但现在植物检疫仍然缺乏一个涵盖内检的法律支撑。

在我国植物检疫法律法规制修订时，有必要时刻关注着其他国家的检疫相关法规，这是现实中植物及植物产品全球贸易对检疫工作的要求，同时也可以作为我国制修订相关法律法规的借鉴。《植物检疫参考资料》期刊发表的第一篇文章就是介绍美国对外植物检疫法规中水果和蔬菜部分的相关内容（叶祖融，1979）。一直以来澳大利亚的检疫法规和制度比较完善，1908 年，澳大利亚颁布了世界上首部《检疫法》（Quarantine Act），为了适应严重的生物安全威胁，2015 年澳大利亚颁布了替代的《生物安全法》（Biosecurity Act）（农牧渔业部赴澳植物检疫项目考察组，1987；孙双艳和黄静，2018）。

从"检疫"到"安全"是当前植物检疫工作发展的方向（王聪等，2015）。2019 年《中华人民共和国生物安全法（草案）》提请最高立法机关审议，该法将对植物检疫起到强有力的推动和指导作用。2020 年 10 月 17 日，中华人民共和国第十三届全国人民代表大会常务委员会第二十二次会议通过《中华人民共和国生物安全法》，其第二条规定了从事"防控重大新发突发传染病、动植物疫情"等活动适用该法。

第三节　法律法规中的有害生物风险分析

与 IPPC、SPS、TFA 等国际条约、协定在文本中明确提及"风险"不同，尽管我国在实际工作中非常重视风险分析，但植物检疫工作主要依据的现行《中华人民共和国进出境动植物检疫法》和《植物检疫条例》在文本层面并未从"风险"这个角度展开。《中华人民共和国进出境动植物检疫法》文本中"检疫审批"及制修订"禁止进境物的名录""植物危险性病、虫、杂草的名录""禁止携带、邮寄进境的动植物、动植物产品和其他检疫物的名录"和"因科学研究等特殊需要引进本条第一款规定的禁止进境物"均需要开展相应的风险分析，才能更好地服务决策。同样《植物检疫条例》文本中"检疫审批"及制修订"农业、林业植物检疫对象和应施检疫的植物、植物产品名单"和"省、自治区、直辖市的补充名单"也需要开展相应的风险分析。直到 2019 年的《植物检疫条例实施细则（农业部分）（修订草案征求意见稿）》才正式从文本层面重视"风险"。这一变化趋势同样出现在动物检疫领域，《中华人民共和国动物防疫法》（1997 年）文本中未曾出现"风险"，而随后的修订均非常重视"风险评估"。《中华人民共和国生物安全法》

全文本共出现"风险"44 次，更是在第二章明确了"生物安全风险防控体制"。

部门规章中涉及有害生物风险分析的内容非常多。《进境植物和植物产品风险分析管理规定》（2018 年第一次修正）详细说明了如何就进境植物、植物产品和其他检疫物传带检疫性有害生物开展风险分析。2019 年《植物检疫条例实施细则（农业部分）》（修订草案征求意见稿）则充分体现了"风险管理"思路，第七条规定"省级以上人民政府农业农村主管部门应当组织所属的植物检疫机构对以下事项开展有害生物风险评估：（一）制定农业植物检疫性有害生物名单；（二）开展国（境）外引进农业植物种子审批；（三）制定重大农业植物检疫措施；（四）其他需要开展风险评估的情形"。第十二条规定"对其他高风险的有害生物，应当开展专项调查"。第二十条规定"疫情局部发生或发生较普遍的，所在地县级以上地方农业农村主管部门及其所属的植物检疫机构应当分类分区治理，组织联合监测、联防联控，采取综合措施将疫情控制在最小发生范围或低度流行水平，降低传播风险，防止疫情扩散蔓延"。第四十一条规定"审批机构应当对从国（境）外引种检疫申请材料进行技术性审查，评估检疫风险，并在受理申请之日起 15 个工作日内签署审核意见或作出审批决定。需要进行风险评估或专家评审的，时间不应超过 2 个月"。第四十四条规定"种子引进后的种植要求按以下原则确定。（一）种子资源引进的、首次引进的、可能来自重大植物疫情发生区的，以及检疫审批机构认定其他高风险的，应当在指定地点隔离试种，隔离试种的时间，一年生作物不得少于一个生育周期，多年生作物不得少于二年；（二）主要农作物种子、木本植物种苗，以及检疫审批机构认定的其他风险较高的，应当在批准的市、县级行政区内集中种植；（三）已经多次引进及其他风险较低的，应当在批准的省级行政区域内种植，特殊情况需调出的，应当将调运的流向、数量等信息报植物检疫机构备案"。第四十七条规定"农业农村部应当及时组织开展风险评估，并根据评估结果采取暂停审批、调整引进后种植监管方式等措施"。《进境植物繁殖材料检疫管理办法》（2018 年第二次修正）第五条规定"对进境植物繁殖材料的检疫管理以有害生物风险评估为基础，按检疫风险高低实行风险分级管理。各类进境植物繁殖材料的风险评估由海关总署负责并公布其结果。"

随着时代的发展，法律法规也在不断被制修订。《中华人民共和国立法法》（2015 年修正）规定了我国"法律、行政法规、地方性法规、自治条例和单行条例的制定、修改和废止"，植物检疫相关的法律法规制修订除了要遵守这些规定，还应该充分考虑本行业的特点和实际。鉴于有害生物风险分析在植物检疫工作中的核心作用，未来植物检疫相关法律法规制修订中也应不断强化"风险"的概念和应用，既可以体现法律法规的"技术性"和"预防性"，又能为开展有害生物风险分析工作在法律法规层面提供强有力的支持。

第二章　标　　准

不以规矩，不能成方圆。

——孟子，《孟子·离娄章句上》

技术性是植物检疫的特征之一（曹骥，1979；吴红雁，1992）。而开展植物检疫工作需要统一的技术要求，即标准（含标准样品）。在前述部分法律法规中，就有关于"标准"的明确条文。根据 SPS 第 3 条（协调一致，harmonization），各缔约方的植物卫生措施应该以国际标准、指南、建议为依据（SPS 协定第 3 条中另有规定者除外）。其附件 A 中第 3 条第 3 款特别指出在植物健康方面，国际标准、指南和建议是在《国际植物保护公约》秘书处与该公约框架下运行的区域组织合作制定的。《进出境动植物检疫法实施条例》第二十六条规定"对输入的动植物、动植物产品和其他检疫物，按照中国的国家标准、行业标准以及国家动植物检疫局的有关规定实施检疫。"

《中华人民共和国标准化法》（2017 年修订）第八条规定"国家积极推动参与国际标准化活动，开展标准化对外合作与交流，参与制定国际标准，结合国情采用国际标准，推进中国标准与国外标准之间的转化运用。"结合植物检疫的现实需要，工作人员开展有害生物风险分析必须熟悉相关的国际标准、国家标准和行业标准，并积极参与相关标准的制修订。

第一节　国际植物卫生措施标准与区域植物保护组织标准

《国际植物保护公约》植物卫生措施委员会（Commission on Phytosanitary Measures，CPM）负责国际植物卫生措施标准（International Standards for Phytosanitary Measures，简称 ISPMs）的制定。截至 2020 年 6 月，现有 42 项 ISPMs[①]、29 项诊断方案（diagnostic protocols）和 32 项植物卫生处理（phytosanitary treatments）。2017 年以来，IPPC 根据缔约方的意见加大了商品类标准制定的力度（王福祥，2020）。

从 ISPM 第 1 号标准和第 2 号标准的出版历史可以看到，早在 1989 年 9 月，两者就被分别以"植物检疫原则"（Plant Quarantine Principles）和"有害生物风险评估过程"（Pest Risk Assessment Process）为名开始了标准制定的相关工作，由此也可见风险分析在整个国际植物卫生措施标准体系和植物检疫行业中的重要作用。

有害生物风险分析作为植物检疫的核心组成部分，很多 ISPMs 都有涉及（表 2-1）。其中 ISPM 02、ISPM 11、ISPM 21、ISPM 32 是关于风险分析方法的，ISPM 03、ISPM 15、ISPM 25、ISPM 38、ISPM 39、ISPM 40、ISPM 41 则聚焦于跨境传播途径，ISPM 04、ISPM 10、

---

① 原 ISPM 第 30 号标准《实蝇（Tephritidae）低度流行区的建立》［Establishment of Areas of Low Pest Prevalence for Fruit Flies（Tephritidae）］被 CPM-13 撤销

ISPM 14、ISPM 22、ISPM 35、ISPM 36 更多的是侧重风险管理措施。

表 2-1 有害生物风险分析相关国际植物卫生措施标准（2020 年 6 月）

编号	名称
ISPM 02	有害生物风险分析框架 Framework for Pest Risk Analysis
ISPM 03	生物防治物和其他有益生物的输出、运输、输入和释放准则 Guidelines for the Export，Shipment，Import and Release of Biological Control Agents and Other Beneficial Organisms
ISPM 04	非疫区建立要求 Requirements for the Establishment of Pest Free Areas
ISPM 10	非疫产地和非疫生产点建立要求 Requirements for the Establishment of Pest Free Places of Production and Pest Free Production Sites
ISPM 11	检疫性有害生物风险分析 Pest Risk Analysis for Quarantine Pests
ISPM 14	有害生物风险管理中综合措施在系统方法中的应用 The Use of Integrated Measures in A Systems Approach for Pest Risk Management
ISPM 15	国际贸易中木质包装材料规范 Regulation of Wood Packaging Material in International Trade
ISPM 19	管制性有害生物名录指南 Guidelines on Lists of Regulated Pests
ISPM 21	管制的非检疫性有害生物风险分析 Pest Risk Analysis for Regulated non-Quarantine Pests
ISPM 22	有害生物低度流行区建立要求 Requirements for the Establishment of Areas of Low Pest Prevalence
ISPM 25	过境货物 Consignments in Transit
ISPM 26	实蝇非疫区建立 Establishment of Pest Free Areas for Fruit Flies（Tephritidae）
ISPM 32	基于有害生物风险的商品分类 Categorization of Commodities According to Their Pest Risk
ISPM 35	实蝇风险管理中的系统方法 Systems Approach for Pest Risk Management of Fruit Flies（Tephritidae）
ISPM 36	种植用植物综合措施 Integrated Measures for Plants for Planting
ISPM 38	种子国际运输 International Movement of Seeds
ISPM 39	木材国际运输 International Movement of Wood
ISPM 40	种植用植物生长介质国际运输 International Movement of Growing Media in Association with Plants for Planting
ISPM 41	使用过的车辆、机械及设备国际运输 International Movement of Used Vehicles，Machinery and Equipment

　　区域植物保护组织（Regional Plant Protection Organization，RPPO）是为协调各国植物保护组织而建立的区域层面的政府间机构。目前世界上有 10 个区域植物保护组织，分别是亚洲和太平洋区域植物保护委员会（Asia and Pacific Plant Protection Commission，APPPC）、加勒比农业和食品健康安全局（Caribbean Agricultural Health and Food Safety Agency，CAHFSA）、安第斯共同体（Comunidad Andina，CAN）、南锥体植物健康委员会（Comité de Sanidad Vegetal del Cono Sur，COSAVE）、欧洲及地中海植物保护组织（European and Mediterranean Plant Protection Organization，EPPO）、非洲植物卫生理事会（Inter-African Phytosanitary Council，IAPSC）、近东植物保护组织（Near East Plant Protection Organization，NEPPO）、北美植物保护组织（North American Plant Protection Organization，NAPPO）、区域国际植物保护和家畜卫生组织（Organismo Internacional Regional de Sanidad Agropecuaria，OIRSA）和太平洋植物保护组织（Pacific Plant Protection Organization，PPPO）。

　　《国际植物保护公约》（第 9 条第 3 款）和《实施卫生与植物卫生措施协定》（附件 A 中第 3 条第 3 款）都明确了区域植物保护组织在制定标准中的重要作用。事实上，区域植物保护组织除了在制修订 ISPMs 方面做了大量工作，其自身也制定了一系列的区域植物保护标准。这些区域标准需要与公约原则保持一致，另外也有可能转化为 ISPMs。

　　欧洲及地中海植物保护组织（EPPO）的区域标准分为两大类：植物卫生措施（phytosanitary measures，PM）有 10 组；植物保护产品（plant protection products，PP）有 3 组。其中植物卫生措施第 5 组是有害生物风险分析（表 2-2），原 PM 5/4《有害生物风险管理方案》（Pest Risk Management Scheme）已经整合到 PM 5/3《检疫性有害生物决策支持方案》（Decision-support Scheme for Quarantine Pests）中了。植物保护产品现有 2 组，其中原第 3 组 PP 3《植物保护产品环境风险评估》（Environmental Risk Assessment of Plant Protection Products）在 2018 年撤回。

表 2-2　欧洲及地中海植物保护组织有害生物风险分析区域标准

编号	名称
PM 5	通用介绍 General Introduction
PM 5/1（1）	有害生物风险分析信息需求清单 Check-list of Information Required for Pest Risk Analysis
PM 5/2（2）	进境商品截获有害生物风险分析 Pest Risk Analysis on Detection of A Pest in An Imported Consignment
PM 5/3（5）	检疫性有害生物决策支持方案 Decision-Support Scheme for Quarantine Pests
PM 5/5（1）	快速有害生物风险分析决策支持方案 Decision-Support Scheme for An Express Pest Risk Analysis
PM5/6（1）	EPPO 外来入侵生物优选过程 EPPO Prioritization Process for Invasive Alien Plants
PM5/7（1）	种植用植物商品有害生物优先确认筛选过程 Screening Process to Identify Priorities for Commodity PRA for Plants for Planting
PM5/8（1）	"完全物理隔离条件下的植物生长"植物卫生措施指南 Guidelines on the Phytosanitary Measure 'Plants Grown Under Complete Physical Isolation'

编号	名称
PM 5/9（1）	商品有害生物风险分析框架下的有害生物名单准备 Preparation of Pest Lists in the Framework of Commodity PRAs

北美植物保护组织（NAPPO）官网列出了 41 项植物卫生措施区域标准（Regional Standards for Phytosanitary Measures，RSPMs）和 5 项标准说明。与 ISPMs 类似，RSPMs 没有进行明确分类，其中与有害生物风险分析相关的有 15 项，主要是管理措施和路径（表 2-3）。

表 2-3 北美植物保护组织的有害生物风险分析相关区域标准

编号	名称
RSPM 1	非疫区 Pest Free Areas
RSPM 16	柑橘繁殖材料流通的综合措施 Integrated Measures for the Movement of Citrus Propagative Material
RSPM 17	北美实蝇非疫区建立、维持和认证指南 Guidelines for the Establishment，Maintenance and Verification of Fruit Fly Free Areas in North America
RSPM 20	昆虫低度流行区建立、维持和认证 Establishment，Maintenance and Verification of Areas of Low Pest Prevalence for Insects
RSPM 23	过境货物指南 Guidelines for Consignments in Transit
RSPM 24	种植用植物输入 NAPPO 成员国综合有害生物风险管理措施 Integrated Pest Risk Management Measures for the Importation of Plants for Planting into NAPPO Member Countries
RSPM 30	实蝇水果蔬菜寄主确定与指定指南 Guidelines for the Determination and Designation of Host Status of A Fruit or Vegetable for Fruit Flies（Diptera：Tephritidae）
RSPM 31	路径风险分析通用指南 General Guidelines for Pathway Risk Analysis
RSPM 32	作为检疫性有害生物的种植用植物风险评估 Pest Risk Assessment for Plants for Planting as Quarantine Pests
RSPM 35	核果类仁果类水果树和葡萄藤输入 NAPPO 成员国流通指南 Guidelines for the Movement of Stone and Pome Fruit Trees and Grapevines into A NAPPO Member Country
RSPM 36	种子流通植物卫生指南 Phytosanitary Guidelines for the Movement of Seed
RSPM 37	圣诞树贸易综合措施 Integrated Measures for the Trade of Christmas Trees
RSPM 38	特定木制竹制商品输入 NAPPO 成员国 Importation of Certain Wooden and Bamboo Commodities into A NAPPO Member Country

续表

编号	名称
RSPM 40	商品输入有害生物风险管理原则 Principles of Pest Risk Management for the Import of Commodities
RSPM 41	系统方法在林业产品流通有害生物风险管理的应用 Use of Systems Approaches to Manage Pest Risks Associated with the Movement of Forest Products
NAPPO 2011-01	NAPPO 成员国有害生物风险分析中有害生物风险管理指南 Guidelines for Pest Risk Management in PRA for NAPPO Member Countries
NAPPO 2015-01	系统方法在林业产品流通有害生物风险管理的应用标准说明 Specification for A Standard on the Use of Systems Approaches in Managing Pest Risks Associated with the Movement of Forest Products

第二节　国家标准与行业标准

我国国家标准（简称国标）分为强制性标准（GB）和推荐性标准（GB/T），相关国家标准可通过"国家标准全文公开系统"（http://openstd.samr.gov.cn）查阅。《中华人民共和国标准化法》第十一条规定"对满足基础通用、与强制性国家标准配套、对各有关行业起引领作用等需要的技术要求，可以制定推荐性国家标准。推荐性国家标准由国务院标准化行政主管部门制定。"2004 年，我国成立全国植物检疫标准化技术委员会（编号为 SAC/TC271），工作领域为出入境、农业、林业等领域的植物检疫标准制定、组织实施，以及对标准的制定、实施进行监督。该委员会由国家标准化管理委员会直接管理，委员会秘书处现设在中国检验检疫科学研究院。

根据全国标准信息公共服务平台（http://std.samr.gov.cn/），参照已有的分类工作（朱水芳等，2019），现行的有害生物风险分析国家标准有 18 项，均为推荐性标准；国家标准计划有 3 项，其中一项是对现行国家标准 GB/T 20879—2007 的修订（表 2-4）；另有 4 项 ISPMs 的转化正在立项阶段。对比表 2-1 与表 2-4，很多国家标准名称与国际植物卫生措施标准相似，内容也是基于我国实际情况对国际植物卫生措施标准修改后而采用。国标《进出境植物和植物产品有害生物风险分析技术要求》（GB/T 20879—2007）在输华植物及植物产品有害生物风险分析工作中起了重要作用。不过现行版本还存在一些问题，例如，附录 F"合并描述可能性规则的矩阵"对于"高"和"中"的运算绝不可能是"高"，所以 2019 年已经立项开始修订（20190938-T-469）。因此有必要重新评估相关标准的科学性和可操作性（蒲民等，2009）。

表 2-4　有害生物风险分析相关国家标准与国家标准计划（2020 年 6 月）

编号	名称
GB/T 37801—2019	限定性有害生物名录指南
GB/T 37803—2019	种植用植物有害生物综合管理措施
GB/T 37278—2018	建立非疫产地和非疫生产点的要求
GB/T 27614—2011	生物防治物和其他有益生物的输入和释放准则

续表

编号	名称
GB/T 27616—2011	有害生物风险分析框架
GB/T 27617—2011	有害生物风险管理综合措施
GB/T 27615—2011	有害生物报告指南
GB/T 27619—2011	植物有害生物发生状况确定指南
GB/T 27620—2011	植物有害生物根除指南
GB/T 23415—2009	隔离检疫圃分级
GB/T 23629—2009	引进植物病原生物安全控制技术要求
GB/T 23618—2009	检疫性有害生物疫情报告、公布和解除程序
GB/T 23628—2009	建立有害生物低发生率地区的要求
GB/T 23631—2009	实蝇非疫区建立的要求
GB/T 23633—2009	植物病毒和类病毒风险分析指南
GB/T 21761—2008	建立非疫区指南
GB/T 21658—2008	进出境植物和植物产品有害生物风险分析工作指南
GB/T 20879—2007	进出境植物和植物产品有害生物风险分析技术要求
20190938-T-469	进出境植物与植物产品有害生物风险分析技术要求
20121454-T-469	基于有害生物风险的商品分类
20050559-T-469	限制性非检疫有害生物：概念和应用
立项	木材跨境运输有害生物风险分析
立项	种子国际运输中有害生物风险管理指南
立项	种植用植物生长介质跨境运输有害生物风险分析
立项	使用过的车辆、机械及设备跨境运输有害生物风险分析

《中华人民共和国标准化法》第十二条规定"对没有推荐性国家标准、需要在全国某个行业范围内统一的技术要求，可以制定行业标准。行业标准由国务院有关行政主管部门制定，报国务院标准化行政主管部门备案。"从全国植物检疫标准化技术委员会的工作领域可以看出，植物检疫行业标准（简称行标）应由出入境、农业、林业等植物检疫领域的行政主管部门制定。

根据全国标准信息公共服务平台（http://std.samr.gov.cn/），参照已有的分类工作（朱水芳等，2019），现行的有害生物风险分析相关的行业标准主要列在林业（LY，4 项）与出入境检验检疫（SN，12 项）中（表2-5）。因为植物检疫与外来生物入侵的密切关系，所以相关行标也将其列入。

表 2-5　有害生物风险分析相关行业标准与行业标准计划（2020 年 6 月）

编号	名称
LY/T 2588—2016	林业有害生物风险分析准则
LY/T 2243—2014	自然保护区外来入侵种管理规范
LY/T 2106—2013	林业有害生物危险性等级分类
LY/T 1960—2011	外来树种对自然生态系统入侵风险评价技术规程

续表

编号	名称
SN/T 4909—2017	检验检疫实验室风险管理通用要求
SN/T 1619—2017	植物隔离检疫圃分级标准
SN/T 4145—2015	由现代生物技术获得的食品的风险分析准则
SN/T 4069—2014	输华水果检疫风险考察评估指南
SN/T 3454—2012	引进生物防治物风险分析规则
SN/T 3168—2012	活体转基因生物风险分析方法
SN/T 3463—2012	植物种苗风险分级标准
SN/T 2961—2011	外来入侵植物防控技术
SN/T 2118—2008	引进天敌和生物防治物管理指南
SN/T 1893—2007	杂草风险分析技术要求
SN/T 1582—2005	引进外来有害生物及其控制物检疫规程
SN/T 1601.2—2005	进出境植物和植物产品有害生物风险分析工作程序

第三节　植物检疫标准体系

ISPMs 和 NAPPO 的 RSPMs 总体上没有分类，而 EPPO 的区域标准则非常成体系，尽管这种体系只是简单的归类。ISPMs 在制定过程中充分考虑了植物检疫工作的衔接，但尚没有形成成熟的网络结构。执行 ISPM 04、ISPM 10、ISPM 11、ISPM 22 需要确定某个有害生物在某个区域的状态（ISPM 08），这就需要 ISPM 17 和 ISPM 06 的支持；如果确定了某种有害生物在某个地方存在，而该国国家植物保护机构（NPPO）想建立该有害生物的非疫区，那就可以参考 ISPM 09、ISPM 04 和 ISPM 29。

ISPMs 有个显著特点就是流程规范、适时修订。ISPM 第 1 号标准《植物保护及在国际贸易中应用植物卫生措施的植物卫生原则》（Phytosanitary Principles for the Protection of Plants and the Application of Phytosanitary Measures in International Trade）也有一次小的变动，从其出版历史也可以看出 ISPMs 的制修订流程（图 2-1）。ISPM 第 5 号标准《植物卫生术语》（Glossary of Phytosanitary Terms）的修订就更多了，基本上每年都会进行修订。RSPMs 本身及被 ISPMs 替代的标准不少，显示了其不断被修订及与 ISPMs 的相互融合。EPPO 的 PM5/3 显示有较多修订，还吸收了原 PM5/4 的内容。

为了更好地促进标准服务国家及行业需求，有必要完善已有的标准体系。目前进出境植物检疫标准体系框架包含风险分析、现场检验检疫、实验室检测鉴定、检疫处理和监测 5 个方向（段胜男，2014；朱水芳等，2019）。其中风险分析包括风险分析技术（下设针对途径、针对有害生物和针对特许审批）和风险分析管理（朱水芳等，2019）。农业植物检疫标准主要涵盖产地检疫、调运检疫和国外引种检疫（冯晓东等，2019）。检验鉴定、检疫执法、除害管理、林业检疫性有害生物管理、基础综合 5 个分体系则构成了林业植物检疫标准体系（李娟，2017）。植物检疫工作涉及的领域较多，还涉及与其他国家标准和行业标准的衔接和融合，这点在以后的体系重构上要特别注意。

2015 年 12 月 17 日，国务院办公厅印发了《国家标准化体系建设发展规划（2016—

出版历史
这部分不属于本标准的正式部分。
1989-09 TC-RPPOs增加专题"植物检疫原则"(1989-001)
1990-07 EWG完成了草案文本
1991-05 TC-RPPOs修改草案文本并批准向成员咨询
1991送往成员咨询
1992-05 TC-RPPOs修改草案文本并要求与GATT乌拉圭回合一致
1993-05 TC-RPPOs修改草案文本形成报批稿
1993-05 第27届FAO大会采纳标准
ISPM 1. 1993. Principles of Plant Quarantine as Related to International Trade. Rome, IPPC, FAO.

1998-05 CEPM介绍由IPPC秘书处起草的修改稿 (1998-001)
1998-11 ICPM-1背书ISPM 1的修改专题
2001-05 ISC-3批准了ISPM 1的修改稿说明
2002-04 ICPM-4注释为高优先级专题
2003-05 SC-7修改说明
2004-02 EWG修改标准
2004-04 SC修改标准并返回给EWG
2004-10 EWG修改标准
2005-04 SC修改标准并批准向成员咨询
2005-06 送往成员咨询
2005-11 SC修改草案文本形成报批稿
2006-04 CPM-1采纳修改标准
ISPM 1. 2006. Phytosanitary Principles for the Protection of Plants and the Application of
    PhytosanitaryMeasures in International Trade. Rome, IPPC, FAO.
2015-03 CPM-10对"phytosanitarystatus"相关的内容注释为文字修改
2015-06 IPPC秘书处结合文字修改并按照CPM-10 (2015) 的标准撤回程序重新调整了标准格式
最新修改出版历史：2015-12

图 2-1 ISPM 第 1 号标准出版历史

2020 年)》，提出"加强标准与法律法规、政策措施的衔接配套"和"提高我国标准与国际标准一致性程度"。从植物检疫标准体系上有必要从当前的树形结构逐步过渡到以植物检疫原理、术语和风险分析为节点的网状结构；有必要尽快完成国际标准 ISPMs 38～41 的转化和出版，同时积极参与 IPPC 针对路径的标准制定及已有标准的修订工作；有必要根据国家生物安全的需要及植物检疫工作发展需求，谨慎制定新的国标与行标；有必要定期对国标和行标特别是执行 5 年及以上的标准开展系统性评估，根据结果修订或者废止。更重要的是，标准的制修订不仅需要专业知识，还需要熟悉标准制修订流程及一定的外文水平，这就需要特别加强植物检疫标准的复合型人才培养。

除了标准外，指南（guidelines）和建议（recommendations）等材料也非常重要。IPPC 在其官网公开了一系列资料，包括年度报告和战略（annual reports and strategies）、会议报告（meeting reports）、宣传册（brochures）、情况说明（factsheets）、宣传材料（advocacy materials）、指南和培训资料（guides and training materials）、研究（studies）。特别是在指南和培训资料中与风险分析相关的就包括《有害生物风险交流指南》（Guide to Pest Risk Communication）、《有害生物风险分析网络学习》（E-learning on PRA）、《有害生物风险分析认识资料》（PRA Awareness Material）等。在《建立维持有害生物非疫区指南》（Guide for Establishing and Maintaining Pest Free Areas）中，特别用一个图体现了各标准在使用过程中的衔接（图 2-2）。EPPO 也撰写了很多 PRA 的文档，如《EPPO 有害生物风险分析方法综述》（Review of EPPO's Approach to Pest Risk Analysis）。

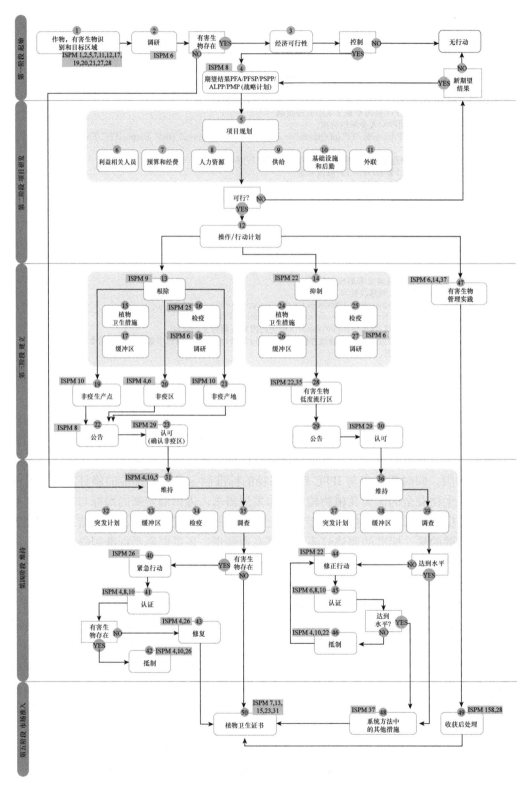

图 2-2 建立维持有害生物非疫区、非疫产地、非疫生产点和低度流行区的决策树
（来源：IPPC Guide for Establishing and Maintaining Pest Free Areas）

第三章 术 语

Every field of study has its own language and its own way of thinking（每个研究领域都有其独特的语言和思考方式）.

——Nicholas Gregory Mankiw，*Principles of Economics*

语言是人类交流的工具，术语是专业概念的浓缩。以"检疫"为例，《感染病学名词》第一版将其定义为"依据传染病的病种，对有密切接触或可能为隐性感染的人或动物，实行一定时间留验或医学观察，以早日发现正处在潜伏期的患者和病原携带者"，《生态学名词》第一版将其定义为"为了防止外来动植物病虫害、外来传染病和寄生虫病而制定的隔离观察检查制度"，《水产名词》第一版将其定义为"对生物体及运输工具等进行的医学检验、卫生检查和隔离观察，是防止某些传染病和虫害在国内蔓延和国际传播所采取的一项措施"，《昆虫学名词》第一版将其定义为"以立法手段防止有害生物进入或传出一个国家或地区的措施"。由此可见，同一名词在不同行业／专业会有不同的含义，因此在同一行业／专业内部有必要进行术语规范化，这样在交流时才能避免产生歧义。同时也可以发现检疫与感染病学、生态学、水产及昆虫学这些学科或行业有着密切联系，正如同"检疫"会出现在很多法律法规中。

对这些术语进行定义并正确使用是一件非常严肃的事情，体现了学科与行业的严谨性和专业性。而术语的定义也体现了学科与行业的鲜明特点，反映了这些学科与行业的思考方式，而不同术语的相互联系也共同构成了学科与行业框架。正如"风险分析"术语充分体现了植物检疫的"技术性"和"预防性"。

第一节 植物检疫法律法规与标准中的术语

法律法规及标准是相关行业开展工作的指导与指南，因此在法律法规与标准中会出现该行业的核心术语及其定义，从而体现法律法规与标准的严谨性和专业性，同理，在植物检疫相关法律法规与标准中也必然会显示植物检疫行业中的重要词汇。鉴于法律法规及标准的重要性，行业应用时必然要优先使用这些术语及其定义。由于法律法规及标准存在某种意义上的时滞，在行业的发展中出现新的术语或对原有术语的含义出现了新的认识时，又会反过来在法律法规及标准修订的时候体现。

一、植物检疫法律法规中的术语

植物检疫行业中最重要的法律法规是《国际植物保护公约》《实施卫生与植物卫生措施协定》《中华人民共和国进出境动植物检疫法》《进出境动植物检疫法实施条例》与《植物检疫条例》。国际公约与协定一般列举的术语会更多一些，而国内的法律法规因其内容精炼，所涉及的术语会少一些甚至没有（表3-1）。有害生物风险分析（pest risk analysis，简称PRA）与风险评估（risk assessment）分别在国际公约与协定的术语列表中出现，突出说明了这些概念在植物检疫中的重要性及相关国际组织对其的重视。《中华人民共和国进出境动植物检疫法》《进出境动植物检疫法实施条例》及《中华人民共和国生物安全法》侧重对工作对象的定义，《植物检疫条例》则没有列出术语。

表3-1　植物检疫法律法规中的术语

法律法规名称	术语
《国际植物保护公约》	有害生物低度流行区（area of low pest prevalence）
	委员会（commission）
	受威胁地区（endangered area）
	定殖（establishment）
	协调一致的植物卫生措施（harmonized phytosanitary measures）
	国际标准（international standards）
	传入（introduction）
	有害生物（pest）
	有害生物风险分析（pest risk analysis）
	植物卫生措施（phytosanitary measure）
	植物产品（plant products）
	植物（plants）
	检疫性有害生物（quarantine pest）
	区域标准（regional standards）
	应检物（regulated article）
	管制的非检疫性有害生物（regulated non-quarantine pest）
	管制性有害生物（regulated pest）
	秘书（secretary）
	技术合理（technically justified）
《实施卫生与植物卫生措施协定》	卫生与植物卫生措施（sanitary or phytosanitary measure）
	协调一致（harmonization）
	国际标准、指南和建议（international standards, guidelines and recommendations）
	风险评估（risk assessment）
	适当的卫生与植物卫生保护水平（appropriate level of sanitary or phytosanitary protection）
	有害生物（疫病）非疫区（pest-or disease-free area）
	有害生物（疫病）低度流行区（area of low pest or disease prevalence）
《中华人民共和国进出境动植物检疫法》	动物
	动物产品
	植物
	植物产品
	其他检疫物
《进出境动植物检疫法实施条例》	植物种子、种苗及其他繁殖材料
	装载容器
	其他有害生物
	检疫证书

续表

法律法规名称	术语
《植物检疫条例》 《中华人民共和国生物安全法》	无 生物因子 重大新发突发传染病 重大新发突发动物疫情 重大新发突发植物疫情 生物技术研究、开发与应用 病原微生物 植物有害生物 人类遗传资源 微生物耐药 生物武器 生物恐怖

二、植物检疫标准中的术语

国际植物卫生措施标准（简称 ISPM）是植物检疫工作的重要参考文件。为了促进术语的准确与一致，其第 5 号标准《植物卫生术语》[ISPM 05，Glossary of Phytosanitary Terms（as adopted by CPM-14）] 详细列举了一系列在植物检疫工作中具有特定含义的术语及其定义。其他 ISPMs 在文中"定义"（definitions）处会明确指出"本标准使用的植物卫生术语定义可见 ISPM 第 5 号标准《植物卫生术语》[definitions of phytosanitary terms used in the present standard can be found in ISPM 5（glossary of phytosanitary terms）]。

特别是"植物"（plant）的定义，尽管 IPPC（1997）和 ISPM 05（2019）的定义均是"活体植物及其部分，包括种子和种质"（living plants and parts thereof，including seeds and germplasm）。但是在 ISPM 01（2016）的范围里特别说明了"包括栽培和非栽培/非管理植物，野生植物和水生植物"（including cultivated and non-cultivated/unmanaged plants，wild flora and aquatic plants）。在 ISPM 05（2019）的范围里再次说明"在 IPPC 和 ISPM 的语境里，所有涉及的植物都应理解为包括藻类和菌物，以便与《国际藻类、菌物、植物命名法规》保持一致"（within the context of the IPPC and its ISPMs，all references to plants should be understood to continue to include algae and fungi，consistent with the International Code of Nomenclature for algae，fungi，and plants）。

国家标准《植物检疫术语》（GB/T 20478—2006）是对 ISPM 第 5 号标准的修改后采用，目前已经在开展修订（国标计划 20190939-T-469）。植物检疫国家标准和行业标准正文中一般会有"规范性引用文件"和"术语和定义"，通常会使用 ISPM 05、GB/T 20478—2006 界定的术语，但在很多情况下还会补充更多的术语。GB/T 20478—2006 的英文名是："Glossary of Phytosanitary Terms"，这里就涉及在中文语境下"phytosanitary"的翻译问题。按照《实施卫生与植物卫生措施协定》的通行翻译，本书将"phytosanitary"翻译为"植物卫生"，其含义与"植物健康"（plant health）相近，"plant quarantine"翻译为"植物检疫"，但国家标准仍然按照现在已有名称。

第二节　有害生物与风险分析术语

植物检疫领域最核心的术语就是检疫性有害生物（quarantine pest），这是为满足植物检疫管理的需要而创造出来的名词。因此在介绍风险分析术语时，有必要同时理清有害生物相关的术语。从某种意义上说，检疫性有害生物等有害生物分类的定义也指明了风险分析工作的方向。这也是术语在整个学科或者行业中如此重要并且不断需要讨论与修订的原因（孙佩珊等，2019）。

图 3-1　微信公众号"检疫 Quarantine"二维码

随着时代的发展，术语也在发生变化。"quarantine"，来源于意大利语"quaranta giorni"，原意是 40 天，如今特指检疫［林火亮，1989；李尉民，2020；详见微信文章"检疫（Quarantine）的前世今生"，图 3-1］。为了适应植物检疫工作快速发展的需要，ISPM 05 也是修订最为频繁的 ISPM。

一、有害生物相关术语及定义

植物检疫领域有害生物相关术语包括有害生物（pest）、检疫性有害生物（quarantine pest）、管制的非检疫性有害生物（regulated non-quarantine pest）、管制性有害生物（regulated pest）和污染性有害生物（contaminating pest）（表 3-2）。国标 GB/T 20478—2006 将"regulated"翻译为"管制性"或者"管制的"，本书采用这一翻译方式，其他翻译问题可参考孙佩珊等（2019）的文章。另外在相关文件中还会出现"品质有害生物"（quality pest）和"未列表有害生物"（unlisted pest）（Ebbels，2003）等术语。按照《国际植物保护公约》和 ISPM 05 给出的定义，有害生物可以分为管制性有害生物和非管制性有害生物，而管制性有害生物又可分为检疫性有害生物和管制的非检疫性有害生物。Devorshak（2012）认为污染性有害生物属于检疫性有害生物，但是从定义上是无法得出这个结论的。

表 3-2　有害生物相关术语

术语	ISPM 05（CPM-14）	GB/T 20478—2006
有害生物 pest	any species，strain or biotype of plant, animal or pathogenic agent injurious to plants or plant products	任何对植物或植物产品有害的植物、动物或病原物的种、株（品）系或生物型
检疫性有害生物 quarantine pest	a pest of potential economic importance to the area endangered thereby and not yet present there，or present but not widely distributed and being officially controlled	对受威胁地区具有潜在的经济重要性但尚未发生的，或虽已发生但分布不广并受到官方控制的有害生物
管制的非检疫性有害生物 regulated non-quarantine pest	a non-quarantine pest whose presence in plants for planting affects the intended use of those plants with an economically unacceptable impact and which is therefore regulated within the territory of the importing contracting party	在种植用植物中的存在影响这些植物的预定用途，并产生无法接受的经济影响，因而在输入方领土内受到管制的非检疫性有害生物

续表

术语	ISPM 05（CPM-14）	GB/T 20478—2006
管制性有害生物 regulated pest	a quarantine pest or a regulated non-quarantine pest	检疫性有害生物或管制的非检疫性有害生物
污染性有害生物 contaminating pest	a pest that is carried by a commodity，packaging，conveyance or container，or present in a storage place and that，in the case of plants and plant products，does not infest them	商品携带的有害生物，在商品为植物和植物产品时，该有害生物不会侵染这些植物或植物产品

ISPM 01（2016）的范围里涵盖了"人员、商品和交通工具国际流通及 IPPC 规定应检物"（those regarding the application of phytosanitary measures to the international movement of people，commodities and conveyances，as well as those inherent in the objectives of the IPPC）。因此除了有害生物相关的术语外，还有路径（pathway）、管制物（regulated article）、植物（plant）、植物产品（plant product）、交通工具（conveyance）、堆栈（storage place）、包装（packaging）、商品（commodity）、商品等级（commodity class）、货物（consignment）、批次（lot）等植物及植物产品供应链上的相关事物（图 3-2），因其也有可能被有害生物侵染或者仅仅是携带从而导致有害生物的空间扩散，所以也需要根据风险分析确定是否实施植物卫生措施（Devorshak，2012）。

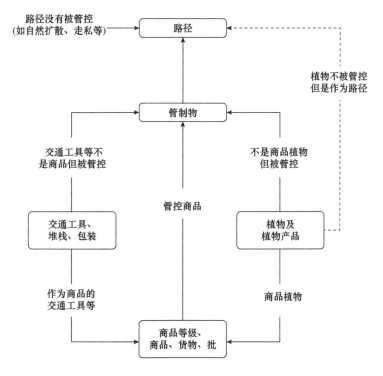

图 3-2　国际植物卫生措施第 5 号标准中与路径、植物、管制物等相关的术语联系

（Devorshak，2012）

"pest"原指害虫,"disease"指病原体,两者合称病虫害,国外有个数据库 Global Pest and Disease Database(https://www.gpdd.info),我国有个期刊名称为《中国森林病虫》(http://zgslbc.forestpest.org/CN/1671-0886/home.shtml)。依据《国际植物保护公约》和 ISPM 05,本书里"pest"特指植物有害生物,危害植物或者植物产品的生物不仅有植物病原体和害虫,还有草、鼠等其他类别的生物,因此在《国际植物保护公约》框架下统一使用"pest"。

在我国农业、林业领域,原先更多的是使用"病虫害"。《农作物病虫害防治条例》(2020年3月26日中华人民共和国国务院令第725号)第二条规定"本条例所称农作物病虫害防治,是指对危害农作物及其产品的病、虫、草、鼠等有害生物的监测与预报、预防与控制、应急处置等防治活动及其监督管理",仍然继续使用"病虫害"。而2019年修订的《中华人民共和国森林法》中已经将原来的"森林病虫害"改为"林业有害生物"。因此依据《中华人民共和国森林法》制定的《森林病虫害防治条例》(1989年12月18日中华人民共和国国务院令第46号)将面临改名的问题。

国际植物卫生措施标准第5号和国标《植物检疫术语》中还有"污染性有害生物"这一概念;《农作物病虫害防治条例》将农作物病虫害分为一类、二类和三类;行标《林业有害生物风险分析准则》(LY/T 2588—2016)里提到林业危险性有害生物、新发现的外来林业有害生物及突发林业有害生物。事实上,某种有害生物在不同条件下会有不同的"标签",而我们所能做的则是尽可能实现对其管理的"无缝对接"。

从管制性及检疫性有害生物的定义可以看出,这些术语是基于管理学的分类(李尉民,2003)。对其管理并不是基于该有害生物是否为本土或者外来有害生物,即过去是否分布不是植物检疫关注的重点,而是现在及可预见的未来该有害生物的分布情况(参见 ISPM 05 的 APPENDIX 1)。而入侵生物特指能够造成危害的外来生物,"外来"一词意味着其与过去和现在分布密切相关。

二、风险分析相关术语

风险(risk)在不同领域的定义略微有些不同。根据美国国家环境保护局(U.S. Environmental Protection Agency)的《暴露评估指南(1992)》[Guidelines for Exposure Assessment(1992)],风险是指"健康或环境有害效果的可能性"(the probability of deleterious health or environmental effects)。根据欧盟(European Commission)的《灾害管理风险评估与制图指南(2010)》[Risk Assessment and Mapping Guidelines for Disaster Management(2010)],风险是指"灾害事件发生可能与潜在效应的结合"[a combination of the consequences of an event(hazard)and the associated likelihood/probability of its occurrence],本书参考的是 ISO 31010《风险管理-风险评估技术》(Risk Management - Risk Assessment Techniques)。按照 ISO 31000:2018,风险是指"目标不确定性的效果"(effect of uncertainty on objectives)。在联合国减少灾害风险办公室(United Nations Office for Disaster Risk Reduction),灾害风险(disaster risk)指的是"在特定时期对一个系统、社会或者社区造成生命财产的潜在损失,是由危害、暴露、脆弱性和能力的概率函数确定"(the potential loss of life,injury,or destroyed or damaged assets which could occur to a system,society or a community in a specific period of time,determined probabilistically as a function of hazard，exposure，vulnerability and capacity）。在《植物有害生物风险分析：概念和应用》（*Plant Pest Risk Analysis：Concepts and Application*）一书中，风险是指"不利事件发生的可能性和后果的量级"（the likelihood of an adverse event and the magnitude of the consequences）（Devorshak，2012）。因此，借鉴其他领域的风险分析，危害（hazard）对应着有害生物（pest），风险元素（elements at risk）对应着植物（plant）、植物产品（plant products）等，将来植物检疫行业有必要增加暴露（exposure）、脆弱性（vulnerability）、敏感性（sensitivity）等相关术语及应用，使整个有害生物风险分析更为完善。

植物检疫领域风险分析术语包括风险（pest risk）、有害生物风险分析（pest risk analysis）、有害生物风险评估（pest risk assessment）、有害生物风险管理（pest risk management）（表3-3）。ISPM 05与GB/T 20478—2006之间在风险分析相关术语的翻译问题可参考孙佩珊等（2019）的文章。

表3-3　风险分析相关术语

术语	ISPM 05（CPM-14）	GB/T 20478—2006
检疫性有害生物风险 pest risk（for quarantine pests）	the probability of introduction and spread of a pest and the magnitude of the associated potential economic consequences	无
管制的非检疫性有害生物风险 pest risk（for regulated non-quarantine pests）	the probability that a pest in plants for planting affects the intended use of those plants with an economically unacceptable impact	无
有害生物风险分析 pest risk analysis（agreed interpretation）	the process of evaluating biological or other scientific and economic evidence to determine whether an organism is a pest, whether it should be regulated, and the strength of any phytosanitary measures to be taken against it	评价生物的或者其他学科和经济方面的证据，确定某种有害生物是否应予以管制和将要采取的任何针对性植物检疫措施的力度的过程
检疫性有害生物风险评估 pest risk assessment（for quarantine pests）	evaluation of the probability of the introduction and spread of a pest and the magnitude of the associated potential economic consequences	评价某种检疫性有害生物传入和扩散的可能性及其潜在的经济影响
管制的非检疫性有害生物风险评估 pest risk assessment（for regulated non-quarantine pests）	evaluation of the probability that a pest in plants for planting affects the intended use of those plants with an economically unacceptable impact	评价种植用植物中的某种有害生物对该植物造成无法接受的经济影响，并影响该植物的预定用途的可能性
检疫性有害生物风险管理 pest risk management（for quarantine pests）	evaluation and selection of options to reduce the risk of introduction and spread of a pest	评价和选择降低有害生物传入和扩散风险的方案
管制的非检疫性有害生物风险管理 pest risk management（for regulated non-quarantine pests）	evaluation and selection of options to reduce the risk that a pest in plants for planting causes an economically unacceptable impact on the intended use of those plants	种植用植物中的有害生物对这些植物的预定用途会造成无法接受的经济影响，对降低该风险的方案进行评价和选择

续表

术语	ISPM 05（CPM-14）	GB/T 20478—2006
进入 entry（of a pest）	movement of a pest into an area where it is not yet present, or present but not widely distributed and being officially controlled	有害生物进入一个地区，在这个地区该有害生物尚未存在，或虽已存在但分布不广且正在被官方控制
定殖 establishment（of a pest）	perpetuation, for the foreseeable future, of a pest within an area after entry	当一种有害生物进入一个地区后在可预见的将来能长期生存
传入 introduction（of a pest）	the entry of a pest resulting in its establishment	导致有害生物定殖的进入
扩散 spread（of a pest）	expansion of the geographical distribution of a pest within an area	有害生物在某地区地理分布的扩展
路径 pathway	any means that allows the entry or spread of a pest	有害生物进入或扩散的任何方式
非疫区 pest free area	an area in which a specific pest is absent as demonstrated by scientific evidence and in which, where appropriate, this condition is being officially maintained	有科学证据表明某种特定的有害生物没有发生，并且官方能适当地保持该状况的地区
非疫产地 pest free place of production	place of production in which a specific pest is absent as demonstrated by scientific evidence and in which, where appropriate, this condition is being officially maintained for a defined period	有科学证据表明某种特定的有害生物没有发生，并且官方能适当地在一定时期内保持该状况的产地
非疫生产点 pest free production site	a production site in which a specific pest is absent, as demonstrated by scientific evidence, and in which, where appropriate, this condition is being officially maintained for a defined period	产地内划定的特定区域，其管理方式与非疫产地相同；在该区域内，有科学证据表明某种特定的有害生物没有发生，并且官方能适当地在一定时期内保持该状况
低度流行区 area of low pest prevalence	an area, whether all of a country, part of a country, or all or parts of several countries, as identified by the competent authorities, in which a specific pest is present at low levels and which is subject to effective surveillance or control measures	主管机构认定某种特定的有害生物以低水平发生，并采取了有效的监督、控制或根除措施的地区，既可以是一个国家的全部或部分地区，也可以是几个国家的全部或部分地区
系统方法 systems approach	a pest risk management option that integrates different measures, at least two of which act independently, with cumulative effect	不同风险管理措施的综合，其中至少有两项措施可以单独发挥作用，这些措施的累积作用能为抵御某种管制性有害生物提供适当的保护水平
处理 treatment	official procedure for the killing, inactivation or removal of pests, or for rendering pests infertile or for devitalization	旨在灭杀、灭活或除去有害生物，或使其丧失繁殖能力或丧失活力的官方程序

　　国际标准化组织（International Organization for Standardization）发布的 ISO31000：2018《风险管理指南》（Risk management-Guidelines）中，风险评估（risk assessment）包括风险识别（risk identification）、风险分析（risk analysis）、风险评价（risk evaluation），与风险处理（risk treatment）（详见 GB/T 24353—2009《风险管理原则与实施指南》）。而

在植物检疫领域及本书里，将按照 IPPC 的框架，有害生物风险分析（pest risk analysis）包含有害生物风险评估（pest risk assessment）（ISPM 02）。

对比表 3-2 和表 3-3，可以清晰地看出有害生物相关术语与风险分析相关术语的关系。检疫性与管制的非检疫性有害生物的定义确定了有害生物风险（pest risk），而对有害生物风险进行分析（analysis）这一过程即有害生物风险分析（pest risk analysis），要通过有害生物风险评估（pest risk assessment）和有害生物风险管理（pest risk management）来实现。

在有害生物风险评估时，按照其定义，要关注"传入"（introduction）和"扩散"（spread），因此这两个词经常并列使用。特别注意的是，根据 ISPM 05，"传入"［introduction（of a pest）］代表了"导致有害生物定殖的进入"（the entry of a pest resulting in its establishment）（参见 ISPM 05 的 APPENDIX 1），因此在 ISPM 体系中，"传入"是一种特殊的"进入"。同时在判断"潜在经济重要性"（potential economic importance）时，需要考虑环境关注和对生态系统的损害（参见 ISPM 05 的 SUPPLEMENT 2）。

在管理时，可以采用"非疫区"（pest free area）、"非疫产地"（pest free place of production）、"非疫生产点"（pest free production site）、"低度流行区"（area of low pest prevalence）、"系统方法"（systems approach）、"处理"（treatment）等方案。

第三节 检疫性有害生物与外来入侵生物

某个行业的法律法规与标准和支撑其工作的科学技术是相辅相成的：法律法规与标准框定了行业科学技术应用发展的方向，而科学技术反过来也为法律法规与标准提供了专业支持。尽管在开展植物检疫工作时，管理层面更多时候依靠的是法律法规与标准，但是法律法规与标准制修订的依据，以及物种鉴定、检疫处理等层面的学术基础，依然是科学技术。正如在 SPS 中不断强调"科学原则"（scientific principles）、"科学理由"（scientific justification）和"科学证据"（scientific evidence），以及在 ISPM 05 的相关定义中不断强调"生物学或其他科学及经济学证据"（biological or other scientific and economic evidence）。

术语是科学技术体系的重要组成部分，术语的准确定义与合理使用关系着植物检疫的科学性。从有害生物与风险分析相关的关键术语的定义可以看出，植物检疫的目的是通过各种措施对关注的特定有害生物在空间上的传入和扩散进行防控。没有有害生物空间发生也就没有经济损失，因此植物检疫的核心科学问题就是物种分布（species distribution）及其时空变化，特别是在当前及可预见的未来这一时间尺度。

一、物种分布

生命是自然演化的产物，其自身也在不断演化。达尔文（Charles Robert Darwin）在《物种起源》（*On the Origin of Species by Means of Natural Selection，or the Preservation of Favoured Races in the Struggle for Life*）中提出了以自然选择为核心的进化论。而时空隔离在新物种的产生（speciation）过程中起了非常重要的作用。各大洲在地球历史上的地理隔离及大洋不同的环境条件，形成了当今世界丰富多彩的生物多样性。

生物的生长和发育离不开周围环境的物质和能源供给，因此其分布也就必然受环境的影响。Soberón 和 Peterson 两位学者提出物种分布由非生物因素、物种相互作用、物种迁移能力决定（Soberón and Peterson，2005；朱耿平等，2013）。物种之间既有遗传上的进化联系，也有生存中的竞争、互助、捕食等物种间相互作用关系。每个物种要依托一个足够大小的种群，在种群内部还要考虑其种内相互作用关系。因此每个物种都要有其适宜的生存空间来应对和适应不断变化的外部环境、种间相互作用关系和种内相互作用关系，适合则种群扩张，否则种群就会萎缩甚至灭绝。

人类同样是自然进化的产物，自然是人类赖以生存的家园。但是随着人类的崛起，人类活动不仅在某种程度上改变了自然，更是成为物种分布变化的主要驱动力之一。现在地球已经进入了人类世（Anthropocene）时代（Crutzen，2002）。导致自然变化的五大直接因素包括陆地与海洋利用方式的改变（changes in land and sea use）、生物体的直接开发（direct exploitation of organisms）、气候变化（climate change）、污染（pollution）和外来入侵生物（invasive alien species），这些都与人类密切相关（Intergovernmental Science-Policy Platform on Biodiversity and Ecosystem Services，2019）。在考虑物种分布变化时，已经无法回避人类的影响。

二、分布时空变化

物种分布不是一成不变的。为了物种繁衍，生物种群会不停地对外扩张以获得更多用于生存发展的外在资源。如果失败了，分布范围反而减小了，这就属于物种生存空间萎缩，那就是保护生物学重点研究的问题了。在植物检疫领域，更多的是限制有害生物分布区域的扩大。如果生物进入原先该生物不曾存在的空间即生物入侵，考虑到空间分布是连续的而物种分布是离散的、局限的，那么严格意义上对于生物来说入侵随时都在发生。所以无论是讨论入侵生物还是检疫性有害生物，一定要对讨论的时间和空间加以界定，这在"检疫性有害生物"定义中就表现为"受威胁地区"（the area endangered thereby）。

生物入侵（biological invasion）一般分为 4 个阶段：进入、定殖、扩散与成灾。事实上，扩散（spread）是新阶段不同空间的进入（entry）与定殖（establishment），与前述传入（introduction）的定义等效，因此生物在空间上的发生可以简化为存在（present）- 不存在（absent），空间上的变化可以简化为进入 - 定殖迭代（潘绪斌等，2018）。进入既可以是自然扩散，也有人类有意或者无意的引入；自然扩散既有邻近空间的逐步渗透，也有借助虫媒和风媒在空间上的跳跃式发展；人类引入更多地表现为跳跃式。但有时驱动生物空间变化的人类与自然因素是交织在一起的。生物到达新的空间位置，如果该空间能够满足种群持续存在的非生物因素和物种（种间与种内）相互作用条件，那么该生物即可在此空间定殖；反之则在这个空间位置上消亡，意味着进入并不一定能够定殖。只要这个生物种群还存在，这个过程就将持续进行。

物种分布变化具有典型的生态学尺度效应（scale effect）。自然条件下，在小尺度上，生物入侵随时发生；随着尺度增大，生物入侵逐渐减少；当尺度进一步增大到全球尺度时，如果不考虑外太空，生物入侵发生为零，因为生物一直都在地球上。如图 3-3 所示，灰色方框代表物种存在，向每个方向都能扩散，则在图 3-3A 情形下生物入侵很容易就发生了；而在中间模式（图 3-3B），如果以外围实线方框为单位，则在方框内移动时没有生物入侵发生，一旦跨出外围方框边界，则生物入侵发生，在这种情形下整个外围方框从物种分布状态上显示为存在，尽管此时该物种仅占有很小的一块空间（图 3-3C）；如果将最外围的方框视为存在与否空间，而因为各种原因物种不可能跨越整个边界，则生物入侵不再可能发生。

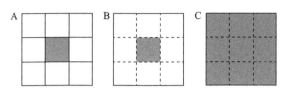

图 3-3 物种分布的空间尺度效应

在地理空间上，空间位置常用经纬度来表示。如果假定地球经纬度各点坐标不变，但是由于板块偏移，可能原先为陆地的坐标现在为海洋，虽然陆生生物随着板块移动改变了其经纬度，但是其与该陆地的相对位置并未发生变化。人类对地球的改造也会造成类似的结果。同时物种分布范围还随时间变化，此时在这个空间存在，下一刻可能就在这个空间不存在了，过一段时间又回到该空间定殖；某个发育阶段在海里，某个发育阶段又在陆地上。因此在讨论物种分布时还必须加上时间标签，即描述一个物种分布情形，需要明确"何时何地"。

三、经济全球化与全球环境变化

15～17 世纪的地理大发现时代（Age of Exploration）推动了各大洲的人员往来。伴随着第一次工业革命和第二次工业革命，人类在交通工具领域有着突飞猛进的发展，从马车到汽车和火车，从木筏到蒸汽轮船和汽轮机船，从热气球到螺旋桨飞机和喷气式飞机。2018 年，世界商品出口总额达到 19.48 万亿美元（WTO，2019）。大量的物种随着海量的跨区域人流、物流也在进行全球"旅行"（潘绪斌等，2018）。

随着人口的快速增加和科技的持续发展，人类对自然的改造能力越来越强，全球环境也发生了巨大变化。根据 2020 年 6 月 5 日美国国家海洋和大气管理局（National Oceanic and Atmospheric Administration，NOAA）公布的数据，2020 年 5 月冒纳罗亚火山观测点 CO_2 浓度达到 417.07ppm[①]，而去年同期为 414.65ppm。微塑料甚至已经扩散到海洋 1100～5000m 深处的沉积物中（van Cauwenberghe et al.，2013）。整个地表景观已经深刻印刻了人类的痕迹（图 3-4）。

这种全球环境变化对于人类而言既有好的一面也有不好的一面：城市的崛起和扩张有利于资源的进一步集中、优化，但也带来了不可忽视的"城市病"；大面积的原始森林被砍伐、草原过牧，造成了近乎不可逆的生态系统退化；人类的平均生活水平和寿命有了巨大提高和延长，同时也面临着日益严重的健康威胁。

在自然与社会的复合体系，科技和人口是各种变化的核心节点。如图 3-5 所示，一定条件下，工业化可以促进全球化、城市化与科技发展，同时对人口有潜在的限制作用；全球化引起资源的合理配置、科技的发展及人口的减少都有助于环境变化朝有利于

---

① 1ppm＝$1×10^{-6}$

图 3-4　2018 年衡水湖航拍

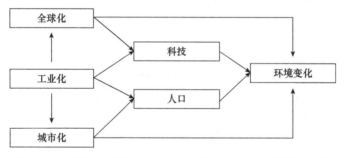

图 3-5　全球化、工业化、城市化与环境变化的相互关联示意图

人类的方向发展，但不断增长的城市化将恶化城市环境，而整体上有利于乡村环境。

　　经济全球化与全球环境变化对生物多样性的时空变化有着显著影响，并对自然与社会复合体系有不可逆转的改造。一方面，由于栖息地的消失等多种因素，越来越多的稀有物种面临灭绝；另一方面，某些生物突破原有地理边界的限制扩散到全球，给新发生地带来了灾难性的后果。鼠疫、非洲猪瘟、马铃薯晚疫病等具有检疫意义的物种疾病跨区域扩散风险，迫使人们采取"隔离"等风险管理措施，催生了"检疫"工作的产生和学科的发展。可以说，没有有害生物空间扩散风险，也就不需要检疫。因此对这种风险进行识别、评估和管理，对检疫十分重要。

四、有害生物

　　有害生物的存在有其自然合理性，从进化的角度来看大多数先于人类而出现在地球上。从生态系统整体来说，既要有生产者，也要有消费者和分解者。本书涉及的很多有害生物属于消费者和分解者，是生态系统的重要组成部分，有利于物质的再循环、局域生物多样性的维持。

所有生物都是"平等"的。如果没有人类的定义，也就无所谓"有害"。而人类及其意识的产生，基于自身的利益判断，确定了"有害"与"无害"。因而某些生物之所以"有害"是因为人类认为它"有害"，而且这种认识是不断变化的。

正如物种分布有时空变化，生物是否有害也是随时空场景变化的。鲤鱼（*Cyprinus carpio*）在中国是一种重要的淡水鱼，是中餐的重要食材。而它作为有益的"河道清道夫"被引入美国后，反而对当地水生生态系统造成了巨大的冲击。互花米草（*Spartina alterniflora*）原是引进用来固滩护堤的，结果造成了严重的海岸带生态危机。天花病毒（variola virus）曾给人类造成了毁灭性的灾难，现在作为生物资源用作研究仅保存在世界上两个实验室里。

很显然，无论基于自然生态还是人类社会的考量，都不希望某种有害生物全球扩散。这不仅会带来农林业上的经济损失和因防控而带来的潜在环境污染，更会冲击现在已经非常脆弱的全球生态系统，进一步弱化全局尺度下的生物多样性，甚至带来很多本土物种不可逆转的灭绝。因此对重大有害生物进行防治特别是全球跨境扩散管控，具有特别深远且实际的意义。

五、外来入侵生物

ISPM 第 5 号标准附件 1 对《生物多样性公约》（CBD）中的"外来生物"（alien species）、"传入"（introduction）、"外来入侵生物"（invasive alien species）、"定殖"（establishment）、"有意传入"（intentional introduction）、"无意传入"（unintentional introduction）、"风险分析"（risk analysis）等术语作了详细介绍并论述了这些术语在 IPPC 语境下的解释。在 CBD 里，外来入侵生物（invasive alien species）的定义是"其传入和 / 或扩散危害生物多样性的外来生物"（an alien species whose introduction and/or spread threaten biological diversity）。考虑到目前在 ISPM 第 38 号标准及以后的标准文本里都会有"生物多样性和环境影响"（impacts on biodiversity and the environment）的陈述，以及植物作为生物多样性的组成部分及生态系统的"初级生产者"的基础地位，"检疫性有害生物"与"外来入侵生物"的核心区别就在于是否为"外来"（alien）。

在进行学术研究及行业工作时，应该根据各自语境的定义进行区别并合理使用术语。实际上，两者有很多共同之处，正如很多国家 / 区域的"检疫性有害生物名录 / 名单"中列出的大多数物种都起源于其他生物地理区系，我国的《中华人民共和国进境植物检疫性有害生物名录》还会标出"非中国种"（中国未有发生的种）和"非中国小种"（中国未有发生的小种）。因此，在开展植物检疫工作时，也会对外来生物的入侵起到抵御作用（梁忆冰，2002）。在"爱知生物多样性目标"框架下生物入侵的检疫防控可以将重点放在外来有害生物信息收集、进境植物检疫性有害生物名录制修订及传播路径监控三个方面（潘绪斌等，2015）。

入侵生物学的发展也促进了植物检疫工作的开展。为了解释生物入侵现象，发展了很多入侵假说，大体可以分为 5 簇（图 3-6），即繁殖体簇（propagule cluster）、性状簇（trait cluster）、生物互作簇（biotic interaction cluster）、可用资源簇（resource availability cluster）和达尔文簇（Darwin's cluster），这些假说经过验证也可以指导植物检疫工作（Enders et al.，2020）。入侵生物数据库、具体入侵生物的研究（繁殖发育特征、空间扩散趋势，以及防控机理与实践）等知识都可以直接应用到检疫性有害生物的风险分析中。

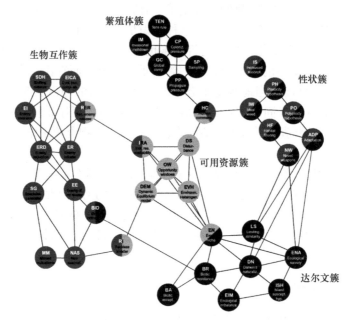

图 3-6　入侵生物学中 39 个常见假说的网络图（Enders et al.，2020）

六、检疫性有害生物的管理意义

按照生物与关注区域的关系，有害生物可以分为本土有害生物和外来有害生物。那为什么要创造出"检疫性有害生物"这个术语而不是采用生态学常用的"外来入侵生物"呢？换言之，从有害生物管理的角度，哪个术语更具有可操作性？如果入侵生物已经在被入侵国家实现可入侵空间全定殖，那么在国境或者国内开展检疫已经没有意义了，这时应该将其与本土有害生物等同从而转入正常的有害生物防治，适用《农作物病虫害防治条例》和《森林病虫害防治条例》；如果某个有害生物起源于某个国家的一部分（起源区域的一部分，其他部分属于其他国家），则在这个国家不应该作为入侵生物，可以在这个已分布区域处于正常的有害生物防治，但是对于这个国家的其他区域，需要在国境与该国前沿区开展检疫工作，防止扩散到未发生区。

如图 3-7 所示，某有害生物原先仅在区域 A 发生，现已在区域 B 全域发生，此时区

区域A　　　　　区域B　　　　　区域C

图 3-7　有害生物空间分布及管理

域 B 再对来自区域 A 的有害生物进行堵截就没多大意义了。同时该有害生物在区域 C 的局部发生，此时区域 C 既需要对来自区域 A 及区域 B 的有害生物进行堵截（外检），还需要对本区域已经发生的区域及与已发生区域相邻的潜在发生区进行根除（内检）。

由此可见，生态学上的"入侵生物"重点考虑的是过去与当前分布的比较；而"检疫性有害生物"的重点则放在当前分布与未来分布的风险管理上。这里的未来确切地说是可预见的将来，正如凯恩斯（John Maynard Keynes）所言："长远来说我们都不在了"（in the long run we are all dead）。

第四章　方　法

　　"实事"就是客观存在着的一切事物，"是"就是客观事物的内部联系，即规律性，"求"就是我们去研究。

——毛泽东，《改造我们的学习》

　　风险无处不在，关键是如何识别、评估和管理，这就需要科学合理的方法。如果说术语指明了风险分析的方向，那么方法就是开展风险分析的道路。有些方法在标准里有非常详细的描述，有些方法在标准里只是给了原则性的说明；有些情景需要采用已有的标准作业程序（standard operating procedure，SOP），有些情景未曾发生过，需要重新开始。但万变不离其宗，只要紧紧抓住法律法规、标准、术语及其背后的科学依据，方向就不会偏。

　　同样，在具体开展有害生物风险分析时，如果有标准或者类似的工作可以参考，那么就可以仿照从进入、定殖及损失三个方面开展评估并提出有针对性的管理措施；如果出现了新情况，那就按照有害生物风险分析的原则与框架，从定义出发，结合实际情况开展相关的工作。

第一节　有害生物风险分析的原则、框架和流程

　　开展有害生物风险分析需要遵循的原则、框架和流程，就在《国际植物保护公约》和《实施卫生与植物卫生措施协定》等法律法规、标准和术语定义中，特别是在国际植物卫生措施标准和我国的国家标准与行业标准中。因现行的《中华人民共和国进出境动植物检疫法》《进出境动植物检疫法实施条例》和《植物检疫条例》并未提及"风险"，所以在风险分析工作上无法提供明确的指导性意见。《进境植物和植物产品风险分析管理规定》（2002 年 12 月 31 日国家质量监督检验检疫总局令第 41 号公布，根据 2018 年 4 月 28 日海关总署令第 238 号《海关总署关于修改部分规章的决定》修正）中，"根据《中华人民共和国进出境动植物检疫法》及其实施条例，参照世界贸易组织（WTO）关于《实施卫生与植物卫生措施协定》（SPS 协定）和《国际植物保护公约》（IPPC）的有关规定"，对风险分析作了详细的规定。

一、有害生物风险分析的原则

　　根据《实施卫生与植物卫生措施协定》，拟采取的植物卫生措施需遵守协调一致（harmonization）、等效（equivalence）与透明（transparency）的原则。风险分析作为这些措施的核心及指导，同样需要遵守这些原则：采用国际标准、指南与建议；不同措施的相同效能；及时公开信息。其他措施需要以风险分析为依据，而风险分析需依据科学证据（scientific evidence）。

《国际植物保护公约》在序言里明确了植物卫生措施应技术合理（technically justified）、透明（transparent）与无不合理歧视（arbitrary or unjustified discrimination）。而该公约本身力求为上述措施提供协调和框架支持。

国际植物卫生措施第 1 号标准就是《植物保护及在国际贸易中应用植物卫生措施的植物卫生原则》（Phytosanitary Principles for the Protection of Plants and the Application of Phytosanitary Measures in International Trade）。其中提到了 11 项基本原则：主权（sovereignty）、必要（necessity）、风险管理（managed risk）、最小影响（minimal impact）、透明（transparency）、协调一致（harmonization）、非歧视（non-discrimination）、技术合理（technical justification）、合作（cooperation）、等效植物卫生措施（equivalence of phytosanitary measures）、调整（modification）。而在操作原则里，第一项就是针对国家植物保护机构在开展有害生物风险分析时，应依据相关的国际植物卫生措施标准，以生物学或其他科学及经济学证据为基础，同时还应考虑其对植物的影响而产生的对生物多样性的威胁。这与术语"有害生物风险分析"的定义也相互印证。

《进境植物和植物产品风险分析管理规定》第四条规定"开展风险分析应当遵守我国法律法规的规定，并遵循下列原则：（一）以科学为依据；（二）遵照国际植物保护公约组织制定的国际植物检疫措施标准、准则和建议；（三）透明、公开和非歧视性原则；（四）对贸易的不利影响降低到最小程度。"

由此可见，《实施卫生与植物卫生措施协定》《国际植物保护公约》、国际植物卫生措施第 1 号标准，以及我国的《进境植物和植物产品风险分析管理规定》在原则上保持了相当的一致性，特别是有些用词近乎相同。具体到风险分析工作时，尤其强调科学性。在某种意义上，如果风险分析科学合理，那么上述原则也能得到很好的保证。

二、有害生物风险分析的框架和流程

一般风险分析的过程是风险的识别、评估和管理（李尉民，2003）。而按照国际植物卫生措施第 2 号标准（Framework for Pest Risk Analysis）及国家标准《有害生物风险分析框架》（GB/T 27616—2011），有害生物风险分析分为三个阶段，分别是起始（initiation）、有害生物风险评估（pest risk assessment）和有害生物风险管理（pest risk management）（图 4-1）。《进境植物和植物产品风险分析管理规定》将第一阶段命名为"启动"，《林业有害生物风险分析准则》（LY/T 2588—2016）则将第一阶段命名为"预评估"。在起始阶段，需要明确待分析的有害生物威胁区域，然后根据工作目的，以有害生物、路径、政策审查和生物体等为起始点。如果在第一阶段确定非有害生物或者第二阶段确定风险可接受，则停止后续的风险分析流程。在整个过程中，要做好信息的收集、整理和记录，同时全过程应该进行风险交流。第二阶段有害生物风险评估与第三阶段有害生物风险管理主要是围绕"风险"（risk）和"缓解"（mitigation）来连接（图 4-2）。

《进出境植物和植物产品有害生物风险分析工作指南》（GB/T 21658—2008）对审查、工作组、信息收集、有害生物风险评估、有害生物风险评估报告、有害生物风险管理措施建议、有害生物风险分析报告和审定提出了原则性的工作要求。

根据 ISPM 第 11 号标准，有害生物分析可以分为三类：以路径为起点的有害生物风险分析、以有害生物为起点的有害生物风险分析和以政策为起点的有害生物风险分析。

对于商品这种路径类型，可以参考有害生物随商品传入风险分析流程，重点是在"传入"（introduction）和"后果"（consequences），应特别注意的是在流程设计中"扩散"（spread）放在"后果"评估里，因为没有在受威胁地区空间扩张就不存在后果（图4-3）。

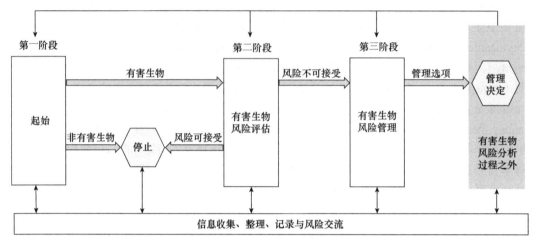

图 4-1　有害生物风险分析流程图（改自 ISPM 02 和 GB/T 27616—2011）

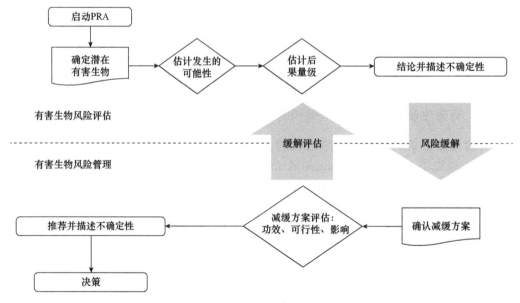

图 4-2　有害生物风险评估与风险管理流程图（Devorshak，2012）

三、风险的度量

根据风险的定义，风险的度量是事件发生的可能性和事件发生的影响的函数，用纯数学的语言表示，可以是 $R=f(p, c)$[①]（李尉民，2003）。根据欧盟委员会（European

---

① 　R，风险；p，导致损失的事件发生概率；c，所带来的损失

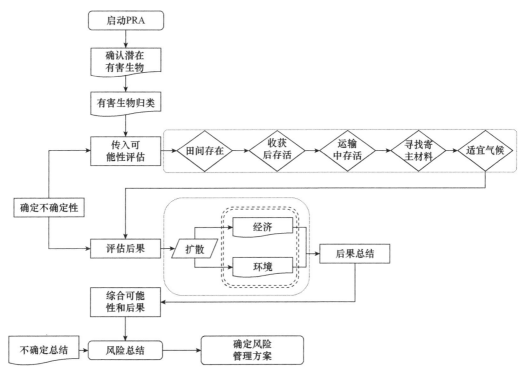

图 4-3 有害生物随商品传入风险分析流程（Devorshak，2012）

Commission）的《灾害管理风险评估与制图指南（2010）》[Risk Assessment and Mapping Guidelines for Disaster Management（2010）]，可以表示为风险（risk）= 灾害影响（hazard impact）× 发生的可能性（probability of occurrence）；根据《加勒比海地区风险信息管理手册》（*Caribbean Handbook on Risk Information Management*），可以表示为风险（risk）= 损失可能性 = 灾害（hazard）× 脆弱性（vulnerability）× 风险元素数量（amount of elements at risk）（图 4-4）。

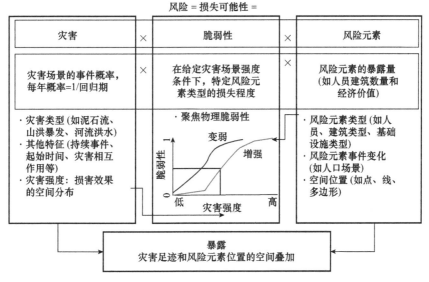

图 4-4 风险度量示意图（来源：*Caribbean Handbook on Risk Information Management*）

在植物检疫领域，套用上述框架，有害生物风险分析核心就是确定有害生物发生的可能性及发生带来的潜在损失，而潜在损失又可以分解为植物等有害生物危害物的量与其受危害影响，换言之就是研究"有害生物 - 植物关系"（pest-plant relationship），用公式表达就是 risk＝f（pest，plant，exposure），生物入侵有三要素，即入侵物种、易被入侵的生态系统和传播路径，正好与上述函数的三个变量一一对应（Pan et al., 2015）。

四、有害生物分布研究框架

基于科学性原则，考虑到植物检疫领域的有害生物风险分析的理论基础就是物种分布时空变化，因而有害生物分布研究框架可对有害生物风险分析起到指导性作用（图 4-5）。在物种分布变化格局方向，可以通过种面积理论与物种分布理论解析有害生物多样性及分布和有害生物进入及定殖的可能性；在灾害方向，可以使用生态系统服务理论开展有害生物对生态环境与社会经济的影响分析（潘绪斌等，2018）。

图 4-5 有害生物分布研究框架（潘绪斌等，2018）

五、进境植物和植物产品风险分析

《进境植物和植物产品风险分析管理规定》在第八条详细列出了海关总署启动风险分析的情形："（一）某一国家或者地区官方植物检疫部门首次向我国提出输出某种植物、植物产品和其他检疫物申请的；（二）某一国家或者地区官方植物检疫部门向我国提出解除禁止进境物申请的；（三）因科学研究等特殊需要，国内有关单位或者个人需要引进禁止进境物的；（四）我国海关从进境植物、植物产品和其他检疫物上截获某种可能对我国农、林业生产安全或者生态环境构成威胁的有害生物；（五）国外发生某种植物有害生物并可能对我国农、林业生产安全或者生态环境构成潜在威胁；（六）修订《中华人民共和国进境植物检疫危险性病、虫、杂草名录》《中华人民共和国进境植物检疫禁止进境物名录》或者对有关植物检疫措施作重大调整；（七）其他需要开展风险分析的情况。"

按照上述原则和框架，结合农产品国际贸易实际和我国检疫工作实践，国外农产品首次输华检验检疫准入程序有 5 步，分别是书面申请、调查问卷、风险分析、协商和议定书或入境检验检疫卫生要求。

目前与进出境植物及植物产品有害生物风险分析相关的国家与行业标准有《进出境植物和植物产品有害生物风险分析工作指南》（GB/T 21658—2008）、《进出境植物和植物产品有害生物风险分析工作程序》（SN/T 1601.2—2005）和《进出境植物和植物产品有害生物风险分析技术要求》（GB/T 20879—2007）。实际操作时可以参考进出境植物和植物产品有害生物风险分析工作指南（图4-6）。

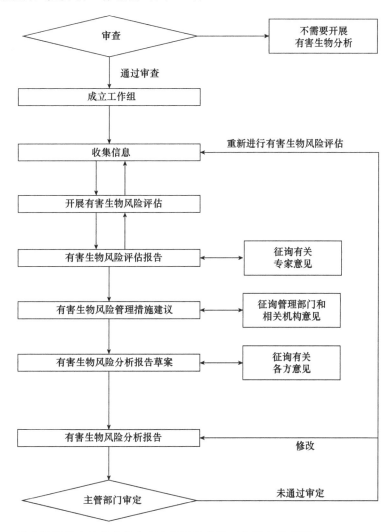

图4-6　进出境植物和植物产品有害生物风险分析工作指南示意图（GB/T 21658—2008）

根据《植物检疫条例》第十二条"从国外引进种子、苗木，引进单位应当向所在地的省、自治区、直辖市植物检疫机构提出申请，办理检疫审批手续。但是，国务院有关部门所属的在京单位从国外引进种子、苗木，应当向国务院农业主管部门、林业主管部门所属的植物检疫机构提出申请，办理检疫审批手续。具体办法由国务院农业主管部门、林业主管部门制定。"因此从国外引进农业种子、苗木时，需要按照《国外引种检疫审批管理办法》，提交《引进国外植物种苗检疫审批申请书》及相关材料。检疫审批过程中根据需要进行评审或者风险分析（图4-7）。对于从国外（含境外，下同）引进林木种子、苗木，需要按照《引进林木种子、苗木检疫审批与监管规定》执行，其第十五条明确规定"国家实行林木引种风险管理制度。属于以下一种或多种情况的，由国家林业局[①]组织开展风险评估。"对于特许审批范围内"动植物病原体（包括菌种、毒种等）、害虫以及其他有害生物，动植物疫情流行国家和地区的有关动植物、动植物产品和其他检疫物，动物尸体，土壤"，可按照海关总署的《进境（过境）动植物及其产品检疫审批服务指南》执行。

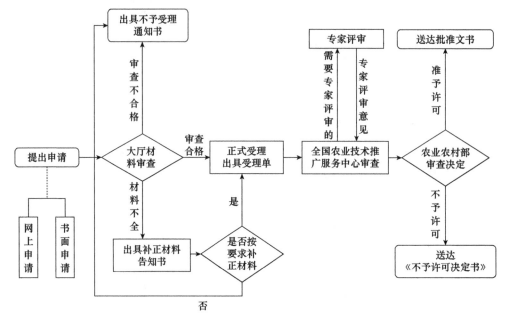

图 4-7　从国外引进农业种子、苗木检疫审批流程图
（来源：中华人民共和国农业农村部）

第二节　定性与定量风险分析

卡尔·林奈（Carl Linnaeus）曾关注检疫并做了一个简单的风险分析，"我对这些昆虫种群深感担忧，它们可能随水果从美洲引入到英格兰，如果不加防范，它们还会扩散到整个欧洲"（I am deeply concerned about the possibility that colonies of these insects may be introduced with the fruits from America to England, and unless prevented, they might spread all over Europe）（Usinger，1964）。一般来说，风险分析工作可以分为定性风险分析与定量风险分析（陈克等，2002a）。定性风险分析的目的是确定某生物是否是有害生物、是否属于管制的非检疫性有害生物或者检疫性有害生物；而定量风险分析则是对风险进行量化。《进境植物和植物产品风险分析管理规定》第十四条规定"海关总署采用定性、定量或者两者结合的方法开展风险评估。"

因为数据的可获得性有限，目前有害生物风险分析以定性为主，针对个别有害生物开展了一系列的定量评估。这种通常是与重要农产品国际贸易相关，如《中华人民共和国进口美国磨粉用小麦含带矮腥黑穗病菌冬孢子的风险评估》《大豆锈病对美国大豆生产

---

① 现国家林业和草原局

的影响》和《光肩星天牛的入侵和定殖风险评估》(周国梁, 2013)。是否需要开展定量评估, 应根据植物检疫行业的实际需求或科研发展需要而定, 可以通过生物实验及数值模拟等方法来弥补数据的不足, 但不能为了"定量"而"定量", 或者片面认为"定性"不如"定量"。在风险分析中, 精确不一定准确。

一、风险评估技术

国际标准(ISO/IEC 31010: 2009)和国家标准《风险管理风险评估技术》(GB/T 27921—2011)列举了 32 项风险评估技术。这些技术如情景分析、危害分析与关键控制点、风险矩阵等已经在有害生物风险分析中有一些应用, 其他技术也可以根据 PRA 的实际需要进行应用(表 4-1)。

表 4-1 技术在风险评估各阶段的适用性(GB/T 27921—2011)

风险评估技术	风险评估过程				
	风险识别	风险分析			风险评价
		后果	可能性	风险等级	
头脑风暴法	SA	A	A	A	A
结构化/半结构化访谈	SA	A	A	A	A
德尔菲法	SA	A	A	A	A
情景分析	SA	SA	A	A	A
检查表	SA	NA	NA	NA	NA
预先危险分析	SA	NA	NA	NA	NA
失效模式和效应分析	SA	SA	SA	SA	SA
危险与可操作性分析	SA	SA	A	A	A
危害分析与关键控制点	SA	SA	NA	NA	SA
结构化假设分析	SA	SA	SA	SA	SA
风险矩阵	SA	SA	SA	SA	A
人因可靠性分析	SA	SA	SA	SA	SA
以可靠性为中心维修	SA	SA	SA	SA	SA
压力测试	SA	A	A	A	A
保护层分析法	A	SA	A	A	NA
业务影响分析	A	SA	A	A	A
潜在通路分析	A	NA	NA	NA	NA
风险指数	A	SA	SA	A	SA
故障树分析	A	NA	SA	A	A
事件树分析	A	SA	A	A	NA
因果分析	A	SA	SA	A	A
根原因分析	NA	SA	SA	SA	SA
决策树分析	NA	SA	SA	A	A

续表

风险评估技术	风险评估过程				
	风险识别	风险分析			风险评价
		后果	可能性	风险等级	
蝶形图法（Bow-tie）	NA	A	SA	SA	A
层次分析法（AHP）	NA	A	A	SA	SA
在险值法（VaR）	NA	A	A	SA	SA
均值-方差模型	NA	A	A	A	SA
资本资产定价模型	NA	NA	NA	NA	SA
FN 曲线	A	SA	SA	A	SA
马尔科夫分析法	A	SA	NA	NA	NA
蒙特卡罗模拟法	NA	NA	NA	NA	SA
贝叶斯分析	NA	SA	NA	NA	SA

注：SA 表示非常适用；A 表示适用；NA 表示不适用

情景分析（scenario analysis）是指假定在什么情况下可能会产生怎样的影响，目前在有害生物定殖风险评估中会经常用到。因为 WorldClim 等网站的历史气候数据时间跨度是 1970～2000 年，因此当前在运行 Maxent 软件时通常要考虑在不同"共享社会经济路径"（shared socioeconomic pathways，SSPs）下的未来气候场景，包括 SSP1-2.6、SSP2-4.5、SSP3-7.0 和 SSP5-8.5。

危害分析与关键控制点（hazard analysis critical control point，HACCP）通过全流程风险分析并确定关键的控制点，是食品卫生领域通行的安全控制体系。目前植物检疫行业也开始逐步重视该方法的应用，ISPM 第 14 号标准和 GB/T 27617—2011 提出的系统方法就包括使用复杂而精确的"关键控制点系统"（critical control point system）。

风险矩阵（risk matrix）是一种对风险排序的工具。有害生物风险分析涉及"进入""定殖"及"危害"，如果能分别对这些要素确定风险等级就可以进行矩阵运算。按照这个思路，GB/T 20879—2007 附录 E 和附录 G 分别是"定性可能性的描述术语表"和"后果定性评价"，而附录 F 和附录 H 则分别是"合并描述可能性规则的矩阵"和"风险评价矩阵"。

二、管制性有害生物归类

管制性有害生物包括检疫性有害生物和管制的非检疫性有害生物（图 4-8）。根据检疫性有害生物的定义，判断一个有害生物是否为"检疫性"，需要重点对其"发生可能性"和"危害损失程度"进行评估。根据管制的非检疫性有害生物的定义，判断一个有害生物是否为"管制的非检疫性"，需要重点对种植用植物"原定用途"和有害生物可能造成的"经济影响"进行评估。

三、定性有害生物风险分析案例——草地贪夜蛾

草地贪夜蛾（*Spodoptera frugiperda*，fall armyworm，FAW）是一种严重危害玉米、

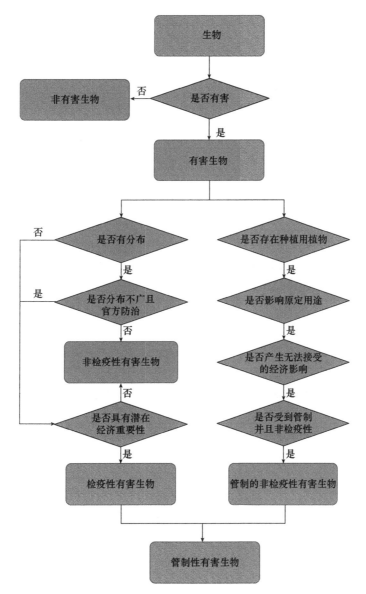

图 4-8　评估某有害生物在受威胁地区是否为植物管制性有害生物的流程图
（改自孙佩珊等，2019）

水稻等作物的全球著名有害昆虫（图 4-9）。2019 年 1 月 29 日，据 IPPC 中国联络点报道，中国云南普洱和德宏首次发现草地贪夜蛾。《中华人民共和国进境植物检疫性有害生物名录》（2007 年及随后增补）中无草地贪夜蛾，只有同属的海灰翅夜蛾（*Spodoptera littoralis*）。那么该虫是否应该判定为植物检疫性有害生物从而作为检疫性有害生物进行管理呢？

草地贪夜蛾是否可以进入中国？从该虫历史迁飞记录及 2019 年实际情况已经说明该虫可以从中南半岛国家自然迁飞进入中国。中国农业科学院植物保护研究所通过设在云南江城的高空灯系统观测，结果显示 2020 年 1 月以来境外虫源迁入量逐步增

图 4-9 草地贪夜蛾（中国科学院动物研究所张润志供图）

A. 雄虫；B. 雌虫；C. 蛹；D. 幼虫

大（来源：全国农技推广网）。根据动植物检疫信息资源共享服务平台的口岸截获数据（表 4-2），截至 2020 年 3 月 12 日，草地贪夜蛾曾分别被集装箱检疫、货检与旅检截获，因此该虫也具备借助人类活动进入我国的可能。

表 4-2 动植物检疫信息资源共享服务平台草地贪夜蛾口岸截获数据

年份	货物	输出地	检疫分类
2010	柴油机	英国	集装箱检疫
2016	红葡萄酒	阿根廷	货检
2019	鲜玉米	缅甸	货检
2019	高粱	缅甸	旅检
2019	鲜玉米	缅甸	旅检
2019	玉米棒等	中国台湾	旅检
2020	鲜食玉米	缅甸	旅检

2019 年，我国 26 个省份发现草地贪夜蛾，其在西南、华南等地定殖；2020 年 3 月

的统计数据显示，云南、广东、海南、广西、福建、四川、贵州、江西8省（自治区）228个县发现成虫（来源：全国农技推广网）。因此可以认为草地贪夜蛾在中国具备大面积的定殖空间。

从草地夜蛾的实际发生地，包括北美洲、非洲和亚洲的情况来看，该虫具有很大的危害性。对玉米的研究表明，少数结果显示产量损失率超过50%，大多数结果显示产量损失不超过20%（FAO，2017）。我国2019年的数据显示，云南、广西、海南、广东、西藏等偏南省份（自治区）的发生情况最为严重，云南、广西（局部）的被害株率达到100%（姜玉英等，2019）。总体而言，该虫还是具备较大的潜在和现实经济重要性。

根据EPPO Global Database（表4-3），目前多国已经将草地贪夜蛾列入检疫性有害生物名单。

表4-3　草地贪夜蛾列入名单汇总（2020年3月28日）

国家/国际组织	名单	年份
东非（East Africa）	A1 list	2001
埃及（Egypt）	A1 list	2018
摩洛哥（Morocco）	quarantine pest	2018
南非（Southern Africa）	A1 list	2001
巴林（Bahrain）	A1 list	2003
以色列（Israel）	quarantine pest	2009
约旦（Jordan）	A1 list	2013
哈萨克斯坦（Kazakhstan）	A1 list	2017
乌兹别克斯坦（Uzbekistan）	A1 list	2008
格鲁吉亚（Georgia）	A1 list	2018
俄罗斯（Russia）	A1 list	2014
土耳其（Turkey）	A1 list	2016
乌克兰（Ukraine）	A1 list	2010
欧亚经济联盟（EAEU）	A1 list	2016
欧洲及地中海植物保护组织（EPPO）	A1 list	1994
欧盟（EU）	emergency measures	2018
	A1 quarantine pest（Annex Ⅱ A）	2019

根据检疫性有害生物的定义与流程（图4-8），2019年1月之前草地贪夜蛾在我国没有分布报道，从国外报道来看具有非常大的潜在危害性，因此可以被判定为检疫性有害生物；在2019年1月至2019年某个时段，草地贪夜蛾在中国分布不广，而我国自草地贪夜蛾发生之后一直全力防控，这个阶段也可以将其判定为检疫性有害生物；自2019年某个时段之后该虫在中国分布已广，虽然我国还在继续防控，但结合2019年6月农业农村部印发的《全国草地贪夜蛾防控方案》，此时不应再将其判定为检疫性有害生物。有害生物迁飞能力强不构成其不是检疫性有害生物的必要条件。同时从这个案例分析可以看出，因空间分布随时间变化，一个有害生物的检疫属性也会随之改变。

鉴于 2019 年草地贪夜蛾已在我国有较大面积的分布，因而其现在已不再适合作为检疫性有害生物进行管控，除非经过评估认为我们能在短期内通过各种有效手段将其分布压缩到"分布不广"的范围。依据《农作物病虫害防治条例》，草地贪夜蛾自我国发生之后可按照一类农作物病虫害进行防治（2020 年 4 月提出），而 2020 年 6 月农业农村部种植业管理司起草的《一类农作物病虫害名录（征求意见稿）》第一项就是草地贪夜蛾。由此可见，风险分析不应局限在植物检疫领域，在植物保护、入侵生物防控、生物安全等领域均可应用，这样也有利于各领域的管理衔接。

四、《进出境植物和植物产品有害生物风险分析技术要求》

《进出境植物和植物产品有害生物风险分析技术要求》（GB/T 20879—2007）以进出境植物和植物产品为风险分析对象，是对国家标准 GB/T 27616—2011 提出的风险分析三阶段特别是风险评估和风险管理阶段的具体细化，特别注意的是要对植物本身开展分析，防止出现引进物自身成为有害物事件的发生。

在具体开展工作时，需要完成一个"与植物或植物产品有关的有害生物名单"（表 4-4）。根据境内外分布信息、感染植物部分、是否随植物和植物产品传播、口岸截获记录、境内管制状况确定有害生物是否为检疫性有害生物或管制的非检疫性有害生物，另有一列是参考文献。

表 4-4　与植物或植物产品有关的有害生物名单（改自 GB/T 20879—2007）

有害生物（学名、中文名）		境外分布	境内分布	感染植物部分	是否随植物和植物产品传播	口岸截获记录	境内管制状况	管制性有害生物		参考文献
								QP	RNQP（限于种植用植物）	
害虫	昆虫									
	螨类									
	真菌									
原核生物	细菌									
	植原体等									
	病毒									
	类病毒									
	线虫									
	杂草									
其他	软体动物等									

注：QP 表示检疫性有害生物；RNQP 表示管制的非检疫性有害生物

在场景分析时，重点关注 5 个风险事件：有害生物在输出国污染植物或植物产品、有害生物从输出国口岸到达进境国口岸、有害生物转到适宜的寄主、有害生物在适宜的寄主种群内定殖和有害生物在其他适宜的寄主种群内扩散（图 4-10）。

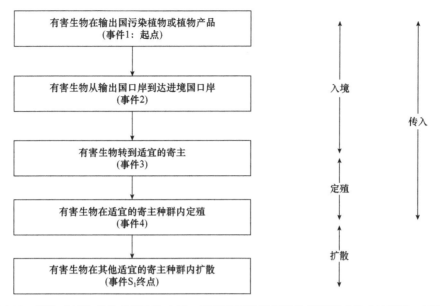

图 4-10　植物或植物产品有害生物入境、定殖和扩散的场景分析图示（GB/T 20879—2007 ）

五、危险性有害生物分析框架

蒋青等基于有害生物危险性评价指标体系（图 4-11 ）提出了多指标综合评价方法，被认为属于半定量评估模型（蒋青等[①]，1994，1995；李志红和秦誉嘉，2018 ）。根据指标评判标准得出 P_1，

$$P_2=0.6P_{21}+0.2P_{22}+0.2P_{23}$$
$$P_3=\mathrm{Max}\,(P_{31},\ P_{32},\ P_{33})$$
$$P_4=\sqrt[5]{P_{41}\times P_{42}\times P_{43}\times P_{44}\times P_{45}}$$
$$P_5=(P_{51}+P_{52}+P_{53})\,/\,3$$

综合评价值公式，

$$R=\sqrt[5]{P_1\times P_2\times P_3\times P_4\times P_5}$$

式中，R 是有害生物危险性；P_1 是国内分布状况；P_2 是潜在的危害性；P_3 是受害栽培寄主的经济重要性；P_4 是移植的可能性；P_5 是危险性管理的难度；P_{21} 是潜在的经济危害性；P_{22} 是是否为其他检疫性有害生物的传播媒介；P_{23} 是国外重视程度；P_{31} 是受害栽培寄主的种类；P_{32} 是受害栽培寄主的种植面积；P_{33} 是受害栽培寄主的特殊经济价值；P_{41} 是截获难易；P_{42} 是运输过程中有害生物的存活率；P_{43} 是国外分布广否；P_{44} 是国内的适生范围；P_{45} 是传播力；P_{51} 是检验鉴定的难度；P_{52} 是除害处理的难度；P_{53} 是根除难度。在此版本的基础上，相关单位根据各自需求又对多指标综合评价方法作了进一步的完善和拓展（李志红和秦誉嘉，2018 ）。

---

① 蒋青等将该方法发表在《植物检疫》上，截至 2020 年 4 月 17 日两篇文章分别被引 159 次和 428 次，成为《植物检疫》期刊历史被引频次排名第 3 位和第 1 位的文章

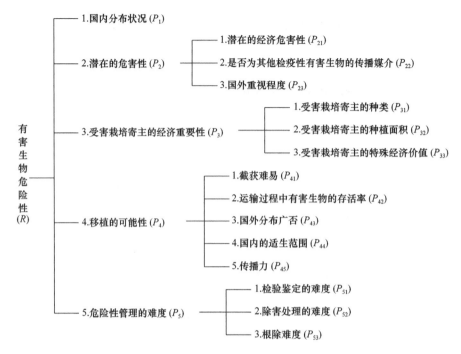

图 4-11　有害生物危险性评价指标体系（蒋青等，1995）

六、有害生物风险分析定量评估集成技术体系

李志红教授团队根据多年从事 PRA 研究和应用的经验，综合考虑有害生物入侵过程、现有定量风险评估模型和软件的适合性，以及定量风险评估的现实需求，提出现阶段适合我国的有害生物风险分析定量评估集成技术体系的构想（图 4-12）（李志红和秦誉嘉，2018）。该体系依托地图数据、交通运输数据、气象数据、寄主数据、有害生物地理分布数据、有害生物检疫截获数据、有害生物生物学和危害数据，将多种有害生物风险初筛、某种有害生物入侵可能性评估、某种有害生物潜在地理分布预测和某种有害生物潜在损失预测整合进有害生物入侵风险综合评估中。

七、有害生物风险分析软件开发

在欧盟项目支持下，EPPO 研发了计算机辅助有害生物风险分析软件（computer assisted pest risk analysis，CARP；下载地址 http://capra.eppo.org/）（图 4-13）。国际农业与生物科学中心（CABI）也开发了基于作物保护大全（crop protection compendium）的决策支持平台——在线有害生物风险分析工具（pest risk analysis tool）（https://www.cabi.org/PRA-Tool），协助针对减少植物有害生物传入风险的合适措施的选择。中国国家有害生物检疫信息平台也研发了自己的风险评估应用系统，该系统具备有害生物风险分析名单生成、名单筛选、风险评估三项基本功能，提供多种国内外应用的风险评估模型，采用人机结合、以人为主的方式，可以实现从定性到定量的综合集成。

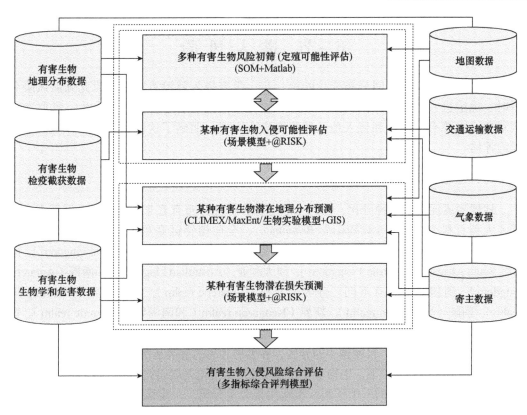

图 4-12 有害生物风险分析定量评估集成技术体系（李志红和秦誉嘉，2018）

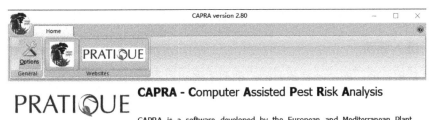

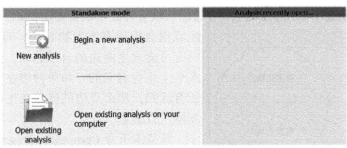

图 4-13 EPPO 计算机辅助有害生物风险分析软件（CARP）

第三节　进入风险

进入是有害生物空间分布变化的第一步，没有进入就没有定殖。因此开展风险分析时，确定进入细节、评估风险大小是风险分析的关键环节。进入的发生，既要有进入对象，也要有传出地和传入地，还要有进入方式，明确了这些信息才能开展具体的风险评估。

一、生物分区和有害生物集群

地理隔离促进了物种分化，因此全球生物多样性分布有着非常鲜明的地域特点。根据《大英百科全书》（*Encyclopædia Britannica*），全球植物区系可以分为泛北极［Boreal（Holarctic）kingdom］、古热带（Paleotropical kingdom）、新热带（Neotropical kingdom）、南非［South African（Capensic）kingdom］、澳大利亚（Australian kingdom）和南极（Antarctic kingdom）；动物区系略有不同，分为全北界（Holarctic realm）、古热带界（Paleotropical realm）、南陆（Notogaean realm）、新界（Neogaean realm）和南极界（Antarctic realm）。这些洲层面的区系还可往下继续细分成更小的地理单元。总的来说，尺度越大的分区，各生物之间的直接互作越弱；尺度越小的分区，各生物之间的直接互作越强。那么在不考虑物种互作和种群动态的前提下，生物多样性可以使用集合论开展研究（Pan，2015）。

有害生物作为生物的一个子集，也适用集合论分析。一定区域的有害生物集合称为有害生物集群（pest assemblage），是该地理空间所有生物集合（生物集群，species assemblage）的一个子集。同时生物多样性理论的 α 生物多样性、β 生物多样性和 γ 生物多样性等许多概念及种面积理论的相关公式也可以应用到有害生物多样性分析中。

二、进入驱动

静止是相对的，而运动是绝对的。即便不考虑单个物种的生老病死，物种也不是静止不动的，植物和微生物的随机移动一直都在发生。为了种群延续，生物天然具备对外扩散的基因，这也是物种跨区域流动的最原始驱动力，从而表现为方向性的自主移动或者借助其他媒介移动。同时也存在随机因素驱动（风、水）的移动和当前人类活动造成的移动。

如图 4-14 所示，假设两个圆形区域分别存在有害生物 a、b、c 和有害生物 a、d。那么在不考虑具体迁移能力限制的前提下，左边的区域有可能出现有害生物 d，而右边的区域则会出现有害生物 b、c；有害生物 a 则有可能发生两边的自然移动，这在种群水平上是有意义的。如果两边在种以下阶元有区别，那么双边的流动在生物学上还有特别的意义。

繁殖体压力（propagule pressure）是指某一个物种进入新区域的个体数量的综合度量（Carlton，1996），这在生物入侵领域

图 4-14　两区域有害生物分布差异

延伸出繁殖体压力假说。如前文所述，对于非入侵生物或者所有生物，在两个地理区域之间，如果存在繁殖体压差（differential pressure），那么就会存在流动。严格意义上说，世界上没有两个完全一样的生物个体，两个地理空间必然存在压差，这种流通是必然发生的，而且生物还有繁殖能力，这一点是与传统物理化学领域中无生命物质跨界流动的一个很大的差别。

三、传播途径

在自然条件下，如果两个区域在空间上相连并无地理阻隔，那么两个区域的生物就可以自然扩散。其实这里的地理阻隔和自然扩散是互相定义，如果地理形势妨碍了物种自然扩散，那就成了地理阻隔。例如，如果某种生物过不了河，那么河流就是其地理阻隔，但是对于只能在水中生活的鱼来说，陆地反而是地理阻隔。因此地理阻隔是与物种的空间移动方式与能力密切相关的，不同的物种面临的地理阻隔是不一样的，甚至同一物种不同生活史阶段的地理阻隔也是不一样的。如果某一物种有地理隔离，但它可以随机地借助外力，如风媒、极端气候事件等方式打破地理障碍，这也说明物种分布并不完全是进化和环境的产物，在某一时段存在一定的随机因素。如果两个区域对某种生物在空间上存在地理阻隔，除了一些随机因素，那么人类将发挥很大的作用。通过人类的交通工具如轮船、飞机、火车及人类自身，生物可实现"全球环游"。有些生物如果无人类协助，仅靠自然力量无法突破其地理阻隔，有些则借助人类的力量，极大地加快、加强这种传入及传出。

根据国际植物卫生措施第2号标准，在路径（pathway）处明确了除进口商品（commodity）途径外，还应考虑自然扩散（natural spread）、包装材料（packing material）、邮件（mail）、垃圾（garbage）、旅客携带物（passenger baggage）等。

四、有害生物疫情截获

根据"爱知生物多样性目标"第九条，要求明确外来入侵物种的路径（潘绪斌等，2015）。为防控有害生物跨境传播，各国都在口岸设立检疫机构开展查验。在植物检疫领域，通常会根据传入路径分为货检、旅检、邮检、运输工具检疫、木包装检疫、集装箱检疫等，针对自然扩散也会在经过评估的高风险区域设置监测点。对于特别重要的截获，各国通常会在主管机构官网进行公布；有些国家也会按年或者月定期公布截获的有害生物种类和批次。

根据动植物检疫信息资源共享服务平台统计，1985～2017年我国在口岸截获了大量的植物有害生物（表4-5），累计截获检疫性有害生物648种，非检疫性有害生物11 964种，包括昆虫、杂草、真菌、线虫、细菌、病毒等（陈洪俊等，2012；Xu et al., 2012；朱水芳等，2019）。这还只是30多年来口岸有限的力量截获的，仍存在很多未能查验或者自然扩散进入中国的有害生物。由此可见，我国面临着严峻的有害生物传入形势。另外，我国的有害生物容纳空间还非常大，如果不严加防范，未来中国将出现更多的有害生物，其中不乏能够造成巨大危害的检疫性有害生物。

表 4-5　1985～2017 年中国口岸植物检疫截获疫情汇总表

年份	检疫性种类	检疫性次数	一般性种类	一般性次数	总种类	总次数
1985	23	78	168	475	191	553
1986	40	261	562	2 440	602	2 701
1987	32	231	514	2 358	546	2 589
1988	34	232	545	2 637	579	2 869
1989	37	326	590	3 866	627	4 192
1990	42	186	621	4 498	663	4 684
1991	41	331	680	3 742	721	4 073
1992	40	278	665	3 968	705	4 246
1993	36	265	504	2 793	540	3 058
1994	55	461	758	4 191	813	4 652
1995	58	549	722	4 657	780	5 206
1996	57	652	874	5 700	931	6 352
1997	51	554	630	3 966	681	4 520
1998	67	832	739	4 982	806	5 814
2000	63	1 929	62	128	125	2 057
2001	70	2 538	292	1 873	362	4 411
2002	92	5 904	960	16 141	1 052	22 045
2003	105	6 060	1 795	42 079	1 900	48 139
2004	114	9 015	2 424	79 579	2 538	88 594
2005	114	9 716	2 692	111 305	2 806	121 021
2006	129	8 429	2 592	134 853	2 721	143 282
2007	151	11 254	2 460	163 534	2 611	174 788
2008	159	15 372	2 697	213 254	2 856	228 626
2009	189	18 675	3 175	249 456	3 364	268 131
2010	217	29 297	3 437	371 200	3 654	400 497
2011	242	45 475	3 730	454 631	3 972	500 106
2012	284	50 898	4 047	528 458	4 331	579 356
2013	319	53 757	4 546	556 989	4 865	610 746
2014	349	74 133	5 111	730 267	5 460	804 400
2015	359	102 941	5 599	940 521	5 958	1 043 462
2016	362	116 867	5 926	1 092 059	6 288	1 208 926
2017	379	104 994	5 577	948 456	5 956	1 053 450

资料来源：动植物检疫信息资源共享服务平台

五、"扩散"中的"进入"

术语"进入"并没有限定从境外到境内，有害生物从境内的某个发生区域到境内另外一个"尚未存在，或虽已存在但分布不广且正在被官方控制"区域也是一种"进入"，也就是通常意义上的"扩散"中的"进入"。因此在 PRA 的"起始阶段"确定"区域"（area）的范围非常重要。

在实际操作中，特别是进境植物及植物产品检疫准入时，通常在起始会默认进口国这一个国家为"受威胁区域"。但是对于很多在国家内部局部已经发生的有害生物，对其"进入"的分析也很重要，虽然此种情况下种群的自然迁移作用更大一些，但是随着人流、物流跨区域流动也还是存在的，这也是"内检"存在的重要意义。例如，针对苹果蠹蛾，2020 年 7 月发布的《全国农技中心关于加强苹果蠹蛾检疫防控工作的通知》，特别提到了"各地要严格执行调运检疫制度。疫情发生区的果实经检疫合格后才能外运；禁止残次果、虫落果等高风险果实外运，确需调往指定地点加工处置的，需做好严格的防疫措施。未发生区要加强植物检疫证书查验，必要时进行复检，发现携带疫情的，依法进行处理。"

第四节 定 殖 风 险

没有进入就没有定殖，没有定殖就没有传入和扩散。当有害生物进入新的区域时，下一步就需要判断其是否具有定殖的可能。如果进来了，但生物因素或者其他非生物因素不能满足其生存需要，那么其就会死亡，从检疫的角度就不需要进行管控了。尽管大多数生物进来是无害的或者说不能持续存在，但是筛选出少数具有持续危害性的有害生物，考验着我们的风险分析水平。

如前所述，对于单一有害生物开展定殖风险评估就是判读其物种分布空间，因而可以使用物种分布模型（species distribution modeling），该模型在生态学等领域特别是保护生物学与入侵生物学中有着广泛应用。目前物种分布模型有很多种，既有针对单一物种的（BOCLIM、CLIMEX、Domain、GARP、Maxent 等），也有针对多个生物的［自组织映射（SOM）、k 均值、层次聚类等］。本书仅针对植物检疫领域涉及的有害生物定殖风险进行论述。

一、单一有害生物定殖风险评估

针对单一有害生物开展定殖风险评估，既可以针对生物采集与物种生长发育相关的重要数据（这种方法成本较高、耗费时间较长），也可以收集某有害生物分布的数据从而使用通用模型（简单易行，能够快速提供一个定量结果）。

小麦矮腥黑穗病菌（*Tilletia controversa* Kahn，TCK）是我国重点关注的一种检疫性有害生物，同时也是我国植物检疫工作的历史见证之一（章正，2006，2007）。陈克等（2002b）基于该真菌的萌发侵染条件，特别是 2cm 表土层的温度、湿度，利用地理信息系统使用气象数据将我国冬麦区分成 4 个风险等级（图 4-15）。

Maxent（最大熵模型，maximum entropy model）是当前使用最多的物种分布模型（图 4-16）。该模型需要使用不同分布区域的气象数据，该数据可以从 WorldClim 下载（https://worldclim.org/data/index.html）。根据月温度和降水生成了更有生物学意义的 19 个生物气候变量（bioclimatic variable），来反映年趋势、季节性、极端或者限制性环境因素（表 4-6）。在使用时，需要进行相关分析和主成分分析，并基于生物学特性挑选出与待

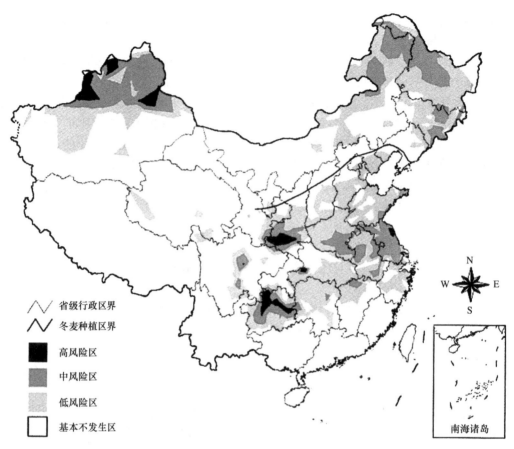

图 4-15　小麦矮腥黑穗病菌在中国的定殖风险区划（陈克等，2002b；李尉民，2020）

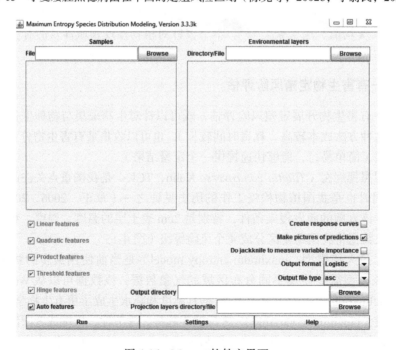

图 4-16　Maxent 软件主界面

分析物种分布最相关的生物气候变量（Wang et al.，2017）。物种分布点的数量和质量对 Maxent 这类软件的结果有重要影响，在小样本量（5 个、10 个和 25 个分布点）的情况下，Maxent 的结果要优于 Bioclim、Domain、GARP 三种模型，但是在有害生物潜在地理分布预测时，还是应该尽量收集更全的数据（Hernandez et al.，2006）。经纬度形式的分布数据经过数据清理过程可以直接使用，而在使用基于行政区划的物种分布数据时要非常小心。可以使用在线地图查看一下该行政区划的地表情况，如果该行政区划的景观比较一致，那么就可以转化成经纬度坐标；如果该行政区划海拔落差大或者景观明显有差异，此时该分布点最好是作为验证使用。收集的分布数据通常是物种所有分布数据的一个子集，更是物种能够分布数据的子集，因此此类分析的预测结果从理论上说是小于其最大分布空间。随着有害生物空间扩散，实际分布点越来越多，再次使用 Maxent 软件有助于优化预测结果。

表 4-6 WorldClim 网站的环境数据（来源：https://worldclim.org/data/bioclim.html）

编号	生物气候变量
BIO1	年均温 annual mean temperature
BIO2	昼夜温差月均值 mean diurnal range [mean of monthly (max temp−min temp)]
BIO3	等温性 isothermality（BIO2/BIO7）（×100）
BIO4	温度季节性变化 temperature seasonality（standard deviation×100）
BIO5	最热月份最高气温 max temperature of warmest month
BIO6	最冷月份最低气温 min temperature of coldest month
BIO7	年温变化范围 temperature annual range（BIO5～BIO6）
BIO8	最湿季平均气温 mean temperature of wettest quarter
BIO9	最干季平均气温 mean temperature of driest quarter
BIO10	最热季平均气温 mean temperature of warmest quarter
BIO11	最冷季平均气温 mean temperature of coldest quarter
BIO12	年降水量 annual precipitation
BIO13	最湿月份降水量 precipitation of wettest month

续表

编号	生物气候变量
BIO14	最干月份降水量 precipitation of driest month
BIO15	降水量季节性变化 precipitation seasonality（coefficient of variation）
BIO16	最湿季降水量 precipitation of wettest quarter
BIO17	最干季降水量 precipitation of driest quarter
BIO18	最热季降水量 precipitation of warmest quarter
BIO19	最冷季降水量 precipitation of coldest quarter

CLIMEX 模型则需要利用生物的生长发育数据。除了气候数据，CLIMEX 还需要生物的生物学数据（表 4-7），需要从文献里或者生物学实验中获得。气候数据可以从 CliMond 网站下载（https://www.climond.org/）。1991 年，CLIMEX 预测马铃薯甲虫在哈萨克斯坦和我国新疆北部等地区不适宜生存（Sutherst et al.，1991；Bebber，2015）。但实际上现在马铃薯甲虫已经在这些地区定殖了，在更新了该虫的生物学数据后重新运行 CLIMEX，显示这些地区也是低度适生区（邵思，2016）。因此使用 CLIMEX 时需要根据最新的实验结果进行调整。

表 4-7　CLIMEX 需要的主要生物学参数

参数	英文名	中文名
DV0	lower threshold temperature	发育起点温度
DV1	lower optimum temperature	最适发育温度下限
DV2	upper optimum temperature	最适发育温度上限
DV3	upper threshold temperature	限制性高温
PDD	degree-days per generation	有效低温
SM0	lower threshold of soil moisture	土壤湿度临界下限
SM1	lower limit of optimum soil moisture	最适土壤湿度下限
SM2	upper limit of optimum soil moisture	最适土壤湿度上限
SM3	upper threshold of soil moisture	土壤湿度临界上限
TTCS	cold stress temperature threshold	冷胁迫温度开始积累点
THCS	cold stress accumulation rate	冷胁迫积累速率
TTHS	heat stress temperature threshold	热胁迫温度开始积累点
THHS	heat stress accumulation rate	热胁迫积累速率
SMDA	dry stress soil moisture threshold	干胁迫开始积累点

续表

参数	英文名	中文名
HDS	dry stress accumulation rate	干胁迫积累速率
SMWS	wet stress soil moisture threshold	湿胁迫开始积累点
HWS	wet stress accumulation rate	湿胁迫积累速率

单一模型有其局限性，一种提升的办法就是集成多种物种分布模型从而提高预测的精度并降低不确定性。例如，BIOMOD 就包括 9 种模型，包括广义线性模型（generalized linear model，GLM）、广义可加模型（generalized additive model，GAM）、分类树分析（classification tree analysis，CTA）、人工神经网络（artificial neural network，ANN）、表面范围包络（surface range envelope，SRE）、广义 Boosting 模型（generalized boosting model，GBM）、随机森林（breiman and cutler's random forest for classification and regression，RandomForest）、混合判别分析（mixture discriminant analysis，MDA）、多元自适应回归样条（multiple adaptive regression spline，MARS）（Thuiller et al.，2009）。

二、群组有害生物定殖风险评估

生物之间存在着密切的相互作用关系，物种共存也是生态学重要的研究领域。基于生物集群概念的模型也开始逐步应用到有害生物定殖研究中（迟志浩等，2017）。其原理就是如果两个或者更多物种共同存在于某一地理空间，那么在新的地理空间，它们仍然有较大的可能性共存。其中使用最广泛的是自组织映射（self-organizing network，SOM）这种无监督学习算法（图 4-17）。美国 100 种已定殖昆虫的 SOM 分析显示，对于那些尚未发生某些昆虫的州来说，境内的扩散风险要大于来自境外的传入风险（Paini et al.，2010）。而全球 1300 种昆虫与真菌的 SOM 分析显示，美国和中国因未来有害生物的扩散将承受更多的损失（Paini et al.，2016）。

当前物种分布表示方法可以简单地分为基于地理空间的划分、基于生物或者环境的划分和基于行政管理的划分。但由于基于生物或者环境的划分与基于行政管理的划分并不是一一对应的，而生物分布主要受生物与环境因素限制，当前开展群组分析的最大问题是分布单元基于行政区划而不是物种分区。如图 4-18 所示，区域 A 与区域 B 和区域 C 之和的气候情况近乎相同，存在着因海拔不同而形成的自然梯度。但区域 A 是一个行政单元，而区域 B 和区域 C 为各自独立的行政单元。区域 A 存在有害生物 a 和 b，区域 B 和区域 C 分别存在有害生物 a 和 b。此时如果按照行政单元来开展有害生物定殖风险评估，就会造成有害生物 a 在区域 C 的高估、有害生物 b 在区域 B 的高估。因此未来再开展类似工作时，应该基于生态区进行评估，如柯本 - 盖格气候区（Köppen-Geiger climatic zone）。

三、有害生物风险分析中"定殖"的实际考量

在实际开展工作时，应根据工作目标进行有针对性的定殖风险评估。从数据的可获得性和可靠性出发，可以采用"群组＋单一＋实验"的模式逐级递推，先用聚类分析方法将同一类群有害生物在地理上进行分区（大尺度），然后使用物种分布模型软件开展适生性

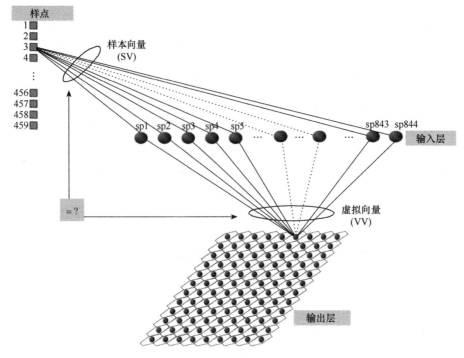

图 4-17　SOM 模型结构示意图（Worner and Gevrey，2006）

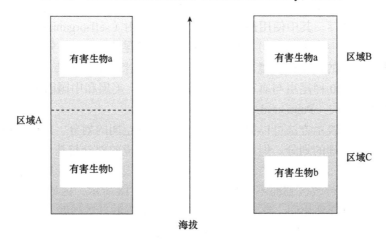

图 4-18　行政区划与物种分布

分析（中尺度），最后需要时再开展相应的生理生态学实验（小尺度）。例如，危害树木的小蠹种类繁多，可以使用 SOM 与 Maxent 结合的方式进行定殖风险评估（Yu et al.，2019）。

　　选定区域的"扩散"是在"传入"之后，而"传入"肯定有"定殖"的，因此在"传入"阶段更多的是评估能否"定殖"，而"扩散"阶段考虑更多的是确定"定殖"范围，而实际上开展"定殖"风险评估时通常把两个阶段的问题都解决了。对于中国、美国这样的大国，因其地理位置和地形地貌的特殊性，粗略地说对于绝大多数有害生物都有其适生空间，所以"传入"阶段的"定殖"分析意义不大，而"扩散"阶段的"定殖"则决定了潜在损失的大小。很多已分布的检疫性有害生物能有非常大的分布范围。例如，

2018 年稻水象甲在我国 25 个省（自治区、直辖市）441 个县（区、市）发生。那么在提出风险管理措施时，需要针对不同的定殖情况开展工作。

第五节 损失风险评估

损失风险评估（damage risk assessment）是有害生物风险分析的重要环节。如果没有危害和损失，也就不需要对这些待定生物进行评估。有害生物造成的危害既包括经济方面的损失，也包括非经济方面如社会、生态环境上的负面影响（曾士迈，1994）。在植物检疫领域开展的损失风险评估，更多的是考虑潜在损失，即评估区域尚未发生某有害生物或者虽已发生但分布不广正处于官方管制阶段。

没有定殖就没有"伤害"，而扩散强度与范围则决定了损失的大小。对于已发生的有害生物开展损失评估可以直接通过调查获得，但是对于未发生区域的评估存在许多不确定性。例如，同一寄主不同区域的危害程度不一定相同，不同寄主危害程度的差异就更大了。因此在植物检疫领域开展损失风险评估需要有更强的弹性。

一、经济损失风险评估

损失风险评估中最直接同时也是争议最大的就是经济损失风险评估。在决策时，一般来说会希望有一个确定的金额来明确有害生物造成的损失。由于直接数据的不可获得性，在开展管制性有害生物特别是检疫性有害生物经济损失风险评估时，需要进行一定的假设。

以马铃薯甲虫为例，Liu 等（2012）预测仅新疆一地该虫造成的年经济损失就高达320 万美元，如果全国均被入侵则达到 2.35 亿美元。刘明迪等（2019）通过分析马铃薯甲虫对黑龙江省马铃薯产业的评估，预计未防治时年损失可达 28 亿元，有防治则损失为1.76 亿元，全面防控时投入的监测与防控经费年均为 1000 万元。

@RISK 软件是 Palisade 软件公司开发的针对定量分析中的不确定性进行分析的工具。使用 @RISK 分析表明，南亚果实蝇引起的我国南瓜产业的潜在经济损失总值为3741.50 万~2 315 783.08 万元（方焱等，2015）。2018 年李志红教授团队在先前工作的基础上构建了防治与不防治两种场景下实蝇的潜在经济损失评估模型，从而完成了重要经济实蝇潜在经济损失通用模型框架设计（孙宏禹等，2018）。

在上述分析时通常是假定一定的危害率和防治率。实际上，因为有害生物对不同寄主或者同一寄主不同时期的影响不同，所以不同寄主的危害损失是不一样的，不同气候条件下的寄主也是不同的。因此在做详细的经济损失评估时，这些因素都需要加以考虑。例如，不同湿度时长和作物发育阶段对高粱的霉菌侵染有不同效果（Navi et al.，2005）。因此如果要减少北美大豆猝死综合症病菌造成的产量损失，那么大豆的有害生物综合管理就应该采用抗性品种、避免土壤压实和湿冷土壤（Leandro et al.，2013）。在未来气候条件下，升温及极端气候事件可能会直接导致作物产量显著下降，而有害生物分布扩张将加剧这一形势（Rosenzweig et al.，2001）。

二、生态系统服务评估

生态系统服务（ecosystem services）是指生态系统为人类提供的各项惠益。按照千年生态系统评估的分类，包括支持（supporting）、供给（provisioning）、调节（regulating）和文化（cultural）（Millennium Ecosystem Assessment，2005）。那么有害生物的存在将对这些生态系统服务产生影响——从人类的角度来说更多的是负面影响。那么在开展有害生物风险分析时，可以综合各生态系统服务的影响，从而判断其潜在损失。

三、决策依据

每年有大量的生物跨境流动，其中大部分是无法定殖的，定殖的生物中只有小部分能造成人类无法接受的损失。而防控这些生物跨境流动需要成本，因此需要做成本效益分析（cost benefit analysis）。那么对于检疫工作来说，一个简单的决策指标就是潜在经济损失（D）与检疫管理投入（Q）的比值（P），即检疫效能。

$$P = \frac{D}{Q}$$

比值越大，说明检疫工作的预防效果越好。以黑龙江马铃薯甲虫检疫防控为例，检疫效能为17.6（刘明迪等，2019）。

有害生物防控支出也可以看作是有害生物造成的经济损失，在选择和开展风险防控措施时需要考虑经济回报（economic return）。上述检疫效能就是有害生物防控方案经济回报的一个特例。在有害生物空间传入-扩散各阶段，需要采用不同的管理措施，对应着不同的经济回报（图4-19）。显而易见，预防和根除具有最大的经济回报，这也说明了检疫工作在整个有害生物跨区域防控中的重要作用。同时，阈值方法也经常使用到有害生物防控决策中，如"经济阈值"（economic threshold）和"经济损失水平"（economic injury level）（Stern et al.，1959；Headley，1972）。

四、展望

中国现在面临着非常严重的外来有害生物入侵形势，其对公众卫生、粮食安全、生态系统健康等造成了巨大的生物灾害。先前的报道指出，我国已经存在的外来入侵生物是544种，每年造成150亿美元的经济损失（Qiu，2013）。在美国，近5000种外来有害生物造成了每年1370亿美元的环境经济损失（Pimentel et al.，2000）。预计全球每年由生物入侵造成的损失大概是国民生产总值（GNP）的5%（Pimentel et al.，2001）。国内对外来有害生物虽然做了一系列经济损失评估研究，但是一直没有统一、可靠的数据（甚至包括外来有害生物种类及其分布），因而有必要对现有结果进行阶段性总结。

中国地形复杂，自然生态系统多样，因而具有非常高的本土生物多样性，然后这也意味着可入侵的空间非常大。中国过去主要是原材料出口国，但是随着经济发展、产业升级和环境保护的需求，中国开始越来越多地进口其他国家的原材料，加之人员交流的大幅增加，导致外来有害生物进入我国的风险不断提高。根据出入境口岸截获统计，2013年我国进境植物检疫所截获的有害生物高达4564种556 968次（张静秋等，2015）。外来有害生物在暴发成灾前因生长区域小、信息不完整，特别是监控人力、财力不到位

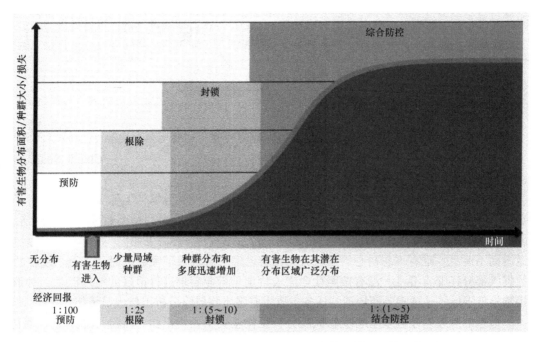

图 4-19 有害生物传入 - 扩散曲线各阶段适宜管理措施及其经济回报
（改自 *State of Victoria Department of Primary Industries*，2009）

等原因，会存在一定的潜伏期，因而现在中国的外来有害生物数量存在一定程度的低估。因此，全面进行中国外来有害生物灾害经济评估，有利于我们重新认识检疫防控形势的紧迫性，对加快国境生物安全体系建设具有指导意义（王聪等，2015）。

第五章 数 据

Information is the resolution of uncertainty（信息可解决不确定性）.

——Claude Shannon

数据经过加工成为信息，从而帮助我们进行决策。没有数据，工作无法开展；有了数据，需要进行清理。以前我们为数据太少而烦恼，现在更多的是因数据太多而纠结。因数据采集和存储技术的飞速发展，人类正进入一个数据爆炸的时代。如何在数据海洋遨游而不迷乱？唯有不忘初心。虽然人类社会已经一脚踏入了大数据时代，但是现在的数据大部分还非常混乱，没有按照社会需求特别是行业需求进行很好的梳理汇总。对于植物检疫领域，这项重要而烦琐的任务主要由有害生物风险分析工作人员承担。

数据的获得对于开展有害生物风险分析工作至关重要。正如"风险"意味着不确定性，而"信息"恰好是来解决不确定性的。在实践过程中，经常会遇到无法查到相关信息或者查到了相关信息但是不确定信息是否可靠的情况。对于第一种情况，可以通过风险交流或者实地调查来获得更多信息；对于第二种情况，可以标记信息出处，对这些信息的可信度进行评估并记录这个过程。

第一节 有害生物风险分析的数据需求

根据有害生物风险分析的定义及方法，开展这项工作需要大量的数据（潘绪斌等，2019）。这些数据，首先是有害生物的生物学特性，然后是与其分布相关的生态环境等资料，还有社会经济损失相关的统计，正如在 SPS 及 ISPMs 中不断强调的"证据"（evidence）。根据第四章图 4-8，这些要求可以简化为"分布""用途""管制"和"损失"，通过数据库、文献和调查等方法来收集、清理和分析（图 5-1）。有了这些数据，相关方法才可以运用，判断和决策才能科学合理。

一、生物学数据

有害生物的生物学数据是前提。首先要明确它的分类地位及遗传信息、学名及变迁、常用名（中文名、英文名或者其他语言的名称），方便使用分子生物学方法进行鉴定。其次是明确它的个体形态、生长和发育特点及种群特性，这对其形态鉴定和确定进入、定殖方式具有特别的意义。由于分子生物学的快速发展，原先基于形态学的分类结果受到了很大冲击，从有害生物风险分析工作出发就需要查询权威的学名网站，确保大家在风险交流时说的是同一个物种（表 5-1）。

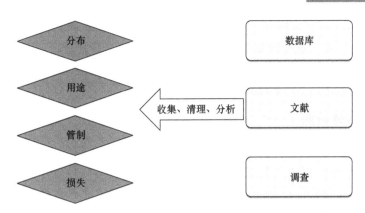

图 5-1 有害生物风险分析的数据需求

表 5-1 学名查证

类群	网站或著作
植物	http://www.theplantlist.org/
真菌	http://indexfungorum. org/
细菌	*Bergey's Manual of Systematic Bacteriology*
病毒	https://talk.ictvonline.org/
线虫	https://nematode.unl.edu/index.html

有害生物的当前分布、起源（有时很难获得准确信息）及空间分布动态特别是近 10 年动态等信息，对传入、扩散过程非常重要。分布数据可以先在全球生物多样性信息网络（Global Biodiversity Information Facility）（图 5-2）、CABI、IPPC 及各国家植物保护机构官网等网络数据库、网站搜索，也可在学术搜索引擎里搜索，通常其危害、监测、亲缘地理等研究会有相关信息。开展搜索的过程中，与有害生物相关的鉴定、防治、植物卫生处理等数据也可以一并收集，这在有害生物风险分析工作及后续的检疫防控中都有着非常重要的作用。

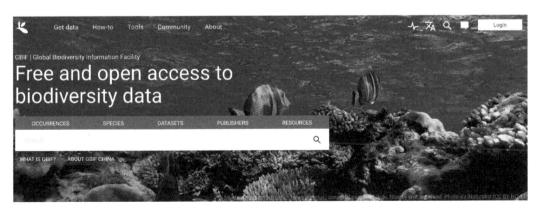

图 5-2 全球生物多样性信息网络网站

同样重要的是有害生物寄主、天敌和传播媒介等与其有种间互作物种的生物学数据，与有害生物一样，这些数据包括分类地位、形态发育及其分布范围等。特别是寄主的种植或者采集情况，包括繁殖材料处理、田间有害生物防治、收获、转运、包装、加工等一系列过程数据，需尽量做到应搜尽搜。

二、其他科学数据

物种的分布及发生程度与气候密切相关，特别是温度和降水。使用 Maxent 等软件时需使用与分布点匹配的气候数据，在 WorldClim 网站可以免费下载。CLIMEX 也需要使用气候数据，可在 CliMond 网站下载。同样，物种的分布与其他环境数据也密切相关，如土地利用等数据可以使用 Google Earth 和 OpenStreetMap（www.openstreetmap.org）这两种工具获得。我国的全国地理信息资源目录服务系统（www.webmap.cn）也是很好的网站，例如，通过查看中俄边境 30m 分辨率土地利用情况，再结合该区域最近几年马铃薯甲虫发生情况，可以清楚地发现该有害生物的发生与耕地的分布密切相关，与土壤含水量的关系则需要进一步的实验验证。

三、社会经济数据

植物检疫与农林产业发展及旅游贸易相关，因而也需要大量的社会经济数据（表 5-2）。特别是两个地理区域之间植物及植物产品的往来，既受历史、文化、风俗等社会影响，还与经济学的绝对优势与比较优势密切相关。因此需要掌握输出方、途中及输入方的植物及植物产品市场特别是品质和价格数据，这对判断贸易量及繁殖体压力具有特别的意义。国内相关权威数据主要是来自国家统计局、农业农村部、国家林草局及海关总署。

表 5-2　社会经济等数据相关网站

名称	网址
UN data	https://data.un.org/
UN Comtrade Database	https://comtrade.un.org/
WTO Data	https://timeseries.wto.org/
	https://docs.wto.org/
WTO Sanitary and Phytosanitary Information Management System	http://spsims.wto.org/
WTO Technical Barriers to Trade Information Management System	http://tbtims.wto.org/
IMF Data	https://www.imf.org/en/Data
中国统计数据	http://www.stats.gov.cn/tjsj/
中国农业数据	http://zdscxx.moa.gov.cn: 8080/misportal/ public/dataChannelRedStyle.jsp
中国海关统计数据	http://online.customs.gov.cn/ http://43.248.49.97/
国家林业和草原科学数据中心	http://www.cfsdc.org/
中国审判案例数据库	http://www.chncase.cn/case/

世界贸易组织（World Trade Organization，WTO）致力于服务各国利益的贸易开放。联合国粮食及农业组织（Food and Agriculture Organization，FAO）是专注于消除饥饿的联合国专业机构。很明显，植物及植物产品的跨境流通与 WTO、FAO 密切相关，既要维护贸易体系运转又要防控有害生物扩散，这也是《实施卫生与植物卫生措施协定》和《国际植物保护公约》存在的原因。WTO 在线数据可以提供贸易相关的大量数据，而 FAO 能提供农林业生产和农产品国际贸易的具体信息（图 5-3）。

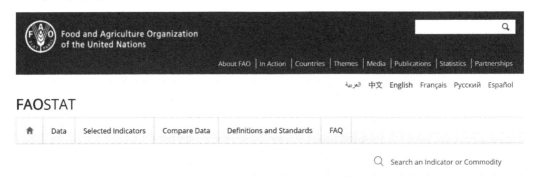

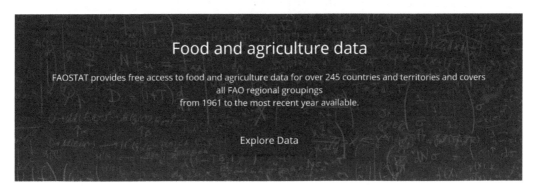

图 5-3　联合国粮食及农业组织 FAOSTAT 网站

以甜樱桃（*Prunus avium*）为例，迄今已有 10 个国家获得我国市场准入（卢国彩，2019）。通过分析甜樱桃国际贸易格局，结合 CABI 等数据库可以探究有害生物跨境扩散可能及口岸重点关注有害生物。通过查询 FAO 贸易数据，可以查明世界 16 个甜樱桃主要贸易国 1961～2016 年的贸易累积量，从而发现主要贸易国的甜樱桃贸易特征（图 5-4）。

四、新时代的数据发展需求

植物检疫与动物检疫、卫生检疫有着相似的科学基础及数据需求。2019 年 12 月，湖北省武汉市持续开展流感及相关疾病监测，发现多起不明原因肺炎病例，最终诊断为病毒性肺炎 / 肺部感染。相关病毒在 2020 年 2 月 11 日被国际病毒分类委员会命名为 SARS-CoV-2，我国通常将因该病毒感染导致的肺炎称为新型冠状病毒肺炎。依据国家卫生健康委员会官方网站疫情通报，截至 2020 年 4 月 21 日 24 时，31 个省（自治区、直辖市）和新疆生产建设兵团累计报告确诊病例 82 788 例，累计治愈出院 77 151 例。美国约翰斯·霍普金斯大学开发了一个全球新型冠状病毒肺炎发生统计网站（COVID-19 Dashboard），能够显示各个国家甚至是省一级的传染病发生情况。如果植物检疫想达到

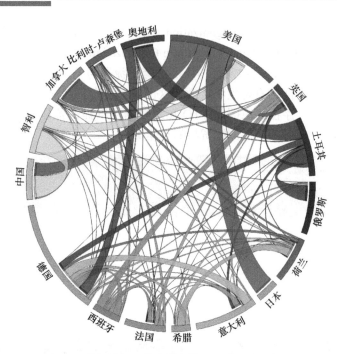

图 5-4　甜樱桃的国际贸易网络图（卢国彩，2019）

人类传染病的防控水平，同样也需要在数据数量和质量上达到相似水平。

　　如今植物检疫面临着多源信息不对称的问题。植物检疫涉及的领域较广，各个相关系统均有自己的信息获取和处理方式，但不同领域间的信息共享程度较低，导致在多源信息的融合处理中存在遗漏、延迟等问题。同时对国际相关信息的获取中也缺乏全球化视角等，严重地制约了处理植物检疫问题的精度和广度。因此，目前需要完善植物检疫大数据平台建设。植物检疫涉及生物技术及其他技术领域的交叉融合，有极大的数据体量，因此需要布局专项资金和人员，实现各类数据的汇总、整理与分析，并大力保障数据安全和平台安全。高度重视信息收集、分析与安全，安排专人专职从事相关工作，并根据风险评估结果实施多地信息备份，敏感信息设置相应的密级。风险分析是实现生物安全可防可控的关键技术，利用人工智能等算法对多源海量数据开展系统评估，明确生物安全发生发展的关键环节和核心参数，有针对性地提供切实有效的风险管理措施。

　　因此未来应该从两方面加强数据工作：一方面是建立、完善覆盖全球的公开数据库，便于植物检疫相关人员参与建设及使用；另一方面要注重数据的维护、清理和分析，这就需要专业团队来实现。

第二节　有害生物信息收集记录

　　数据不会凭空而来，必然来源于实践。植物有害生物发生数据是植物保护、生态环境、食品等相关从业者在调查、查验等过程中发现并经种类鉴定后归档进入文件系统的。这个过程大体可以分为两个步骤：先是数据收集，然后是信息记录。ISPM 第 6 号标准中"surveillance"这一术语的定义为"通过调查、监测或其他程序收集和记录有害生物发生或未发生数据的官方过程"（an official process which collects and records data on pest presence or absence by survey，monitoring or other procedures），该定义准确地反映了这一过程，而 ISPM 第 6 号标准就是"surveillance"（图 5-5）。世界动物卫生组织（OIE）在《陆生动物卫生法典》（Terrestrial Animal Health Code）和《水生动物卫生法典》（Aquatic Animal Health Code）中，分别将"surveillance"定义为"系统而持续开展收集、整理和分析动物卫生相关信息并及时传播信息以便采取措施"（the systematic ongoing collection, collation, and analysis of information related to animal health and the timely dissemination of information so that action can be taken），以及"以卫生控制为目的，针对某一特定水生动物种群展开的一系列系统性的调查，检测疫病发生情况，必要时对该种群进行抽样检测"（a systematic series of investigations of a given population of aquatic

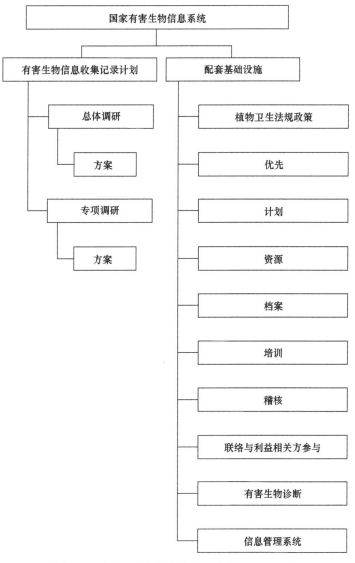

图 5-5 国家有害生物信息系统结构（ISPM 06）

animals to detect the occurrence of disease for control purposes, and which may involve testing samples of a population)。"surveillance"在中文语境里有很多种翻译，GB/T 20478—2006 中定义为"监督"，ISPM 第 6 号标准中文版译名为"监视"，如果翻译成"监测"既不合定义又与"monitoring"有冲突。参考"establishment"一般情况下翻译为"建立"，如与"种群"相关则翻译为"定殖"，其实也还是含有"建立"的意思。一般情况下本书将"surveillance"直译为"收集记录"或者意译为"调研"，具体使用根据上下文语境。

一、收集

数据的收集主要有两种方式：一种是田间观测；另一种是文献搜索。观测就是针对关注对象观察并测量，在植物检疫领域，其表现形式就是调查、监测、查验等（图 5-6 和图 5-7）。观测的内容多样，一般要包含何时何地由谁发现了哪种有害生物等基本信息。由此可见，调查、监测、查验等渠道可以为风险分析工作提供数据支持，特别是有害生物分布信息；另外，待监测区域面积极广或者待查验物品种类多样，而有害生物风险分析可以为监测、查验提供指导，更好地发现有害生物。ISPM 第 31 号标准《货物抽样方法》（Methodologies for Sampling of Consignments）是对货物进行查验时的一个指导，考虑到植物及植物产品的不一致性，以及有害生物的活动性而导致其分布的空间异质，NAPPO、EPPO 及美国动植物卫生检验局（APHIS）近年提出了基于风险的抽样方法（risk-based sampling）。这样整个植物检疫就围绕着风险分析成为一个体系高效运转起来。

图 5-6　田间监测

现代有害生物观测时会运用到大量的信息、化学领域的技术，如无人机技术（图 5-8）、化学生态学技术等。后续可以通过远程鉴定系统、图像识别技术、高通量测序等方法获得鉴定方面的协助。借助手机等终端的快速发展，这些数据能够第一时间上传到数据平台，为下一步分析提供基础。

图 5-7　口岸查验

图 5-8　无人机超低空监测

二、记录与报告

有害生物发生信息的记载形式非常多样，简单的如短信、微博、邮件等，复杂的如报告、文章等。但是根据有害生物观测的性质和内容，要特别注意数据安全，经过预评估后采取合适的方式依法向国家植物保护机构汇报。这里的安全既包括数据本身内容的保密，也要防止数据传递过程中的泄露。《农作物病虫害防治条例》第十五条规定"任何单位和个人不得瞒报、谎报农作物病虫害监测信息，不得授意他人编造虚假信息，不得阻挠他人如实报告。"第一时间发现并汇报有害生物，对于其检疫和防控具有特别重要的意义。

ISPM 第 6 号标准对"有害生物记录"（pest record）进行了明确了要求，包括有害生物及寄主学名、分类学地位、鉴定信息，三要素"时间""地点"和"观测人"缺一不可，最好还要有验证、文献及植物卫生措施等信息，其他如有害生物种群状态、寄主危害症状、发现环境和方式等信息也可以纳入。现在信息技术的发展也极大地方便了有害生物记录。在田间观测时就可以迅速地进行在线结构化的有害生物记录，很多 APP 都能够自动提取填充三要素数据，还能附上手机自带高清相机拍摄的图片以提供有害生物、寄主及环境的更多信息。

ISPM 第 17 号标准《有害生物报告》（Pest Reporting）及国标《有害生物报告指南》（GB/T 27615—2011）确定了有害生物报告的要求。一份合格的有害生物报告需要包括有害生物特征和学名、时间、分布、寄主、危害等信息，特别是要按照 ISPM 第 8 号标准确定其在特定区域的状态。

IPPC 官方网站建立了一个在线栏目 Pest Reports Bulletins，以月为单位汇总了各国提交的有害生物发生情况。NAPPO 网站建立了植物卫生警报系统（Phytosanitary Alert System），分为"有害生物官方报告"（Official Pest Reports）和"新发有害生物警报"（Emerging Pest Alerts）。EPPO 也建立了自己的"EPPO 警报名单"（EPPO Alert List）和"EPPO 报告服务"（EPPO Reporting Service）。

我国的期刊《植物检疫》发表的很多文章包含大量的有害生物分布及其他数据。原农业部植物检疫实验所自 1958 年开始不定期编印《植物检疫参考资料》，1979 年定期出版，1982 年更名为《植物检疫》，是植物检疫领域重要的专业学术期刊。1967 年国内就已经开始关注马铃薯甲虫和地中海实蝇（图 5-9）。1979～2019 年该期刊发表的文章标题显示了植物检疫领域主要关注"截获""进口""口岸""鉴定"等重要内容（图 5-10）。全国农业技术推广服务中心定期出版《全国植保专业统计资料》，《中国农作物病虫害》和《中国林业有害生物（2014—2017 年全国林业有害生物普查成果）》《中国外来入侵生物》也是很重要的有害生物分布参考资料。

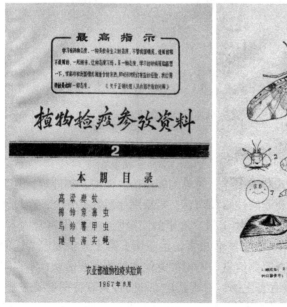
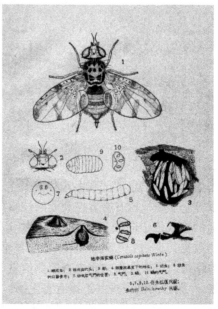

图 5-9 《植物检疫参考资料》第二期

图 5-10 《植物检疫》40 年间发表的学术文章标题词云分析

三、可信度

在开展有害生物分析时经常会遇到数据不全或者数据有误的情况，这就需要对数据的可信度（reliability）进行分析。ISPM 第 8 号标准《确定地区有害生物状态》（Determination of Pest Status in An Area）描述的是如何利用有害生物记录等信息来确定一个地区有害生物的状态。很多地区的某个有害生物状态的变化汇合到一起就能得到该有害生物的全球时空变化。但是如何判断这些记录信息的可信度呢？ISPM 第 8 号标准提供了一个评估指南，主要是从收集人 / 鉴定人、技术鉴定、地点 / 时间及出版形式（记录和出版）4 个方面进行判别（图 5-11）。目前 ISPM 08 已经在修订，同时 IPPC 还成立

1.收集人/鉴定人	2.技术鉴定	3.地点/时间	4.记录和出版
a.分类专家	a.可区分的生物化学和分子诊断方法（如有）	a.定界或者发现调查	a.NPPO记录/RPPO出版（评议）
b.专业人员、鉴定专家	b.官方收集的标本和培养组织，专家分类描述	b.其他实地或生产调查	b.同行评议科技期刊
c.科学家	c.一般采集标本	c.偶然田间发现，可能没有确切的地点和时间	c.官方历史记录
d.技术人员	d.描述和照片	d.产品或副产品中的发现；截获	d.未同行评议的科技期刊
e.专业爱好者	e.仅有直观描述	e.准确地点和时间不详	e.专业爱好者出版物
f.非专家	f.鉴定方法不详		f.未发表科技文件
g.收集人/鉴定人不详			g.非技术出版物；期刊/新闻
			h.未发表的个人通信

图 5-11 有害生物记录可信度评估指南（ISPM 08）

了有害生物状态专家组编写《有害生物状态指南》(Pest Status Guide)。

第三节 有害生物风险分析常用数据源

快捷键能够显著提高计算机操作效率,行业数据库也能提供基本数据。因为植物检疫工作的重要性,各国非常重视数据库的建设和维护,不少数据库对外免费开放(魏巍等,2017)。对于有害生物风险分析工作,常用的数据库主要用来查询进入及有害生物基本信息。

一、植物检疫主管机构官方网站和口岸植物疫情截获系统

植物检疫主管机构官方网站上带有大量的植物检疫数据(表5-3),除了法律法规标准、部门规章制度,还会列出针对不同类别的植物与植物产品进口、出口等具体的管理要求,很多还会把详细的进境植物产品植物检疫要求进行公布。除此之外,一般还会提供支撑其工作的主要机构与数据系统的链接。

表5-3 各国/地区植物检疫主管机构网站及疫情截获系统网址

国家/地区	网站名称	网址
欧盟	植物健康与生物安全 (Plant Health and Biosecurity)	https://ec.europa.eu/food/plant/plant_health_biosecurity
	进境植物等物体有害生物截获 (Interceptions of Harmful Organisms in Imported Plants and Other Objects)	https://ec.europa.eu/food/plant/plant_health_biosecurity/europhyt/interceptions_en
美国	动植物卫生检验局 (United States Department of Agriculture Animal and Plant Health Inspection Service)	https://www.aphis.usda.gov/aphis/home/
	果蔬进境要求数据库 [Fruits and Vegetables Import Requirements (FAVIR) Database]	https://epermits.aphis.usda.gov/manual/index.cfm?ACTION=pubHome
澳大利亚	植物卫生(Plant Health Australia)	https://www.planthealthaustralia.com.au/
新西兰	初级产业部 (Ministry for Primary Industries, New Zealand)	https://www.mpi.govt.nz
	进境风险分析(Import Risk Analysis)	https://www.mpi.govt.nz/importing/overview/import-health-standards/risk-analysis/
	进境卫生标准 (Import Health Standards)	https://www.biosecurity.govt.nz/law-and-policy/requirements/ihs-import-health-standards/
日本	植物防疫所 统计报告(統計レポート)	https://www.maff.go.jp/pps/ http://www.pps.go.jp/TokeiWWW/Pages/report/index.xhtml
中国	动植物检验检疫信息资源共享服务平台	http://info.apqchina.org

口岸植物疫情截获系统是有害生物风险分析同时也是植物检疫的核心数据库。中国的口岸植物疫情截获系统集成在动植物检验检疫信息资源共享服务平台上,目前由中国检验检疫科学研究院维护(潘绪斌等,2019)。动植物检验检疫信息资源共享服务平台还

包括风险分析模块、有害生物模块等，其中有害生物模块可以提供模糊形态检索。在此平台的基础上，中国检验检疫科学研究院还开发了"检科院鉴识"APP，提供智能鉴定和分类检索功能。其他国家或者地区的疫情截获各有其特点，一般是按月定期对外公布。

二、CABI

国际农业与生物科学中心（Center for Agricultural and Bioscience International，CABI）数据库是植物检疫领域使用范围最广泛的数据库之一。目前常用的 5 个数据库是 CABI-CPC（Crop Protection Compendium，https://www.cabi.org/cpc）（图 5-12）、CABI-HC（Horticulture Compendium，https://www.cabi.org/hc）、CABI-FC（Forestry Compendium，https://www.cabi.org/fc）、CABI-AC（Aquaculture Compendium，https://www.cabi.org/ac）和 CABI-ISC（Invasive Species Compendium，https://www.cabi.org/isc），其中 CABI-ISC 是免费数据库。例如，在 CABI-CPC 的 Advanced Datasheet Search 选项，直接输入"China Apple"，这样就能搜索到数据库中中国苹果上所有的有害生物信息。基于 CABI-CPC 的 3800 多条详细信息，参考 ISPM 第 11 号标准，建立了 Pest Risk Analysis Tool 在线模块（https://www.cabi.org/PRA-Tool/signin?returnUrl＝%2FPRA-tool）。CABI 还开发了 Horizon Scanning Tool（https://www.cabi.org/horizonscanningtool），用于对某区域的入侵生物威胁进行排序。

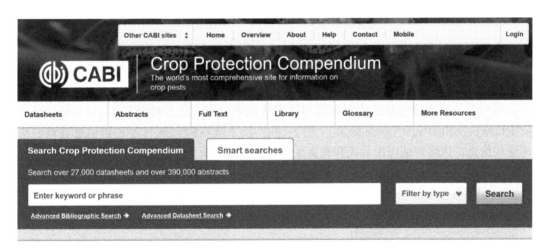

图 5-12 国际农业与生物科学中心作物保护汇编（CABI-CPC）网站

三、EPPO Global Database

欧洲及地中海植物保护组织（European and Mediterranean Plant Protection Organization，EPPO，https://www.eppo.int/）是欧洲及地中海地区的区域性植物保护组织。EPPO 建立了

Global Database（在线）和 GD Desktop（离线）数据库，可以提供 EPPO 收集或者产生的与有害生物相关的信息（图 5-13）。EPPO 还研发了按照区域标准 PM 5/3、PM 5/5 和 PM 5/6 的有害生物风险分析软件 CAPRA（Computer Assisted Pest Risk Analysis，http://capra.eppo.org/），并建立了 EPPO Platform on PRAs（https://pra.eppo.int/）。

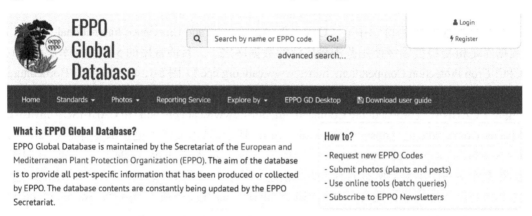

图 5-13　欧洲及地中海植物保护组织全球有害生物数据库

四、中国国家有害生物检疫信息系统

中国国家有害生物检疫信息系统源自 1985 年原农业部植物检疫实验所开始的全球有害生物信息收集与整理工作（潘绪斌等，2019）。后由原国家质量监督检验检疫总局动植物检疫监管司、进出口食品安全局与国际检验检疫标准与技术法规研究中心共同开发，现由海关总署国际检验检疫标准与技术法规研究中心负责升级与维护（http://www.pestchina.com/SitePages/Home.aspx）（图 5-14）。该系统目前包括有害生物信息查询、法律法规信息、风险评估应用系统和有害生物检疫信息系统。

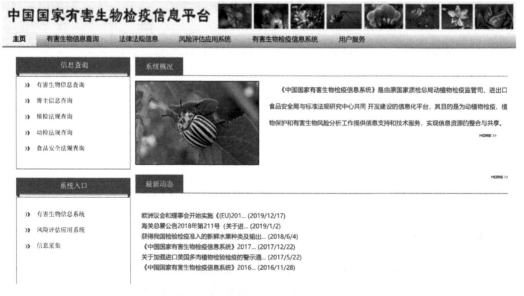

图 5-14　中国国家有害生物检疫信息系统

五、入侵生物及有害生物网站

检疫性有害生物与入侵生物关系密切。很多有害生物，既是检疫性有害生物又是入侵生物。因此在开展植物检疫领域的风险分析工作时，也可以根据需要查询入侵生物等相关的数据库和网站（表 5-4）（魏巍等，2017）。一个国家的检疫性有害生物或者入侵生物在另外一个国家可能只是作为一般性有害生物进行防控，因此这个国家的有害生物数据库也是很重要的数据源。

表 5-4　入侵生物及有害生物相关网站（魏巍等，2017）

名称	网址
全球入侵生物数据库 （Global Invasive Species Database）	http://www.iucngisd.org/gisd/
全球病虫害数据库 （Global Pest and Disease Database）	https://www.gpdd.info
全球引进及入侵生物注册库 （Global Register of Introduced and Invasive Species）	http://www.griis.org/about.php
世界引进海洋生物注册库 （World Register of Introduced Marine Species）	http://www.marinespecies.org/introduced/online_sources.php
水生生物引入数据库 （Database on Introductions of Aquatic Species）	http://www.fao.org/fishery/dias/en
全球归化植物库 （Global Naturalized Alien Flora）	https://glonaf.org/
亚太外来种数据库 （Asian -Pacific Alien Species Database）	http://www.naro.affrc.go.jp/archive/niaes/techdoc/apasd/menu.html
澳大利亚植物有害生物数据库（Australian Plant Pest Database）	https://www.planthealthaustralia.com.au/resources/australian%20plant-pest-Database/
加拿大入侵生物最佳管理实践数据库 （Best Management Practices Database）	https://www.invasivespeciescentre.ca/invasive-species/invasive-species-resources/best-management-practices-database/
中国外来入侵物种数据库	http://chinaias.cn/wjPart/index.aspx
中国农作物有害生物监控信息系统	https://ccpmis.org.cn/

六、其他信息渠道

如果在上述数据库没有找到相关信息，那么就用一般的信息检索方式搜索。从索引、书目到文摘，从纸质文件、光盘到互联网，除了一些还没有公开的材料，目前绝大多数资料都已经或者正在进行数字化（李尉民，2003）。目前网络搜索常使用的是 Bing（https://cn.bing.com）；学术搜索使用中国知网（www.cnki.net）。当然并不是所有信息都可通过互联网搜索，必要时可去图书馆、情报中心、标本馆等查阅纸版或者实物信息，或者通过与相关人员交流获取。

第六章　有害生物

Was vernünftig ist, das ist wirklich; und was wirklich ist, das ist vernünftig（存在即合理）。

——Georg Wilhelm Friedrich Hegel，*Grundlinien der Philosophie des Rechts*

物种间的相互作用，是在漫长的自然进化过程中逐步形成的，同时也促进了物种进化。没有种间互作，也就没有生态系统。植物是地球上重要的初级生产者，很多其他生命都依托它的光合作用而获取能量，这就会对植物自身的生长发育产生不利影响，当然也会存在互利共生的情形。在植物检疫领域，目前有害生物主要是指杂草的竞争，昆虫、螨虫与软体动物的取食，真菌、细菌、病毒、线虫的侵染，对于以鸟、鼠、鱼为代表的其他生物类群考虑较少。但是随着学科的发展及技术的进步，未来有必要对更多生物类群进行研究以实现理论上的完整性。

对植物自身"有害"的生物有很多，包括植物、动物、菌物、原核生物等，但是对植物"有害"的不一定对人类"有害"，对"有害植物""有害"的可能就对人类有利。因此，植物检疫领域里的"有害生物"实际上是双重"有害"：既要对人类"有害"，又要对植物"有害"。这些有害生物跨区域扩散，对新发生地区的生态系统产生了巨大冲击，甚至造成了不可逆转的经济或者环境后果，这是人类必须进行管控的。具体管理时，需要针对不同生物类群采取有针对性的管理措施，这就需要对不同生物类群详细了解，开展相应的风险评估。

第一节　植　　物

植物（plant）不一定都是"好"的。因此对植物开展有害生物风险分析，一方面是对植物及植物产品本身开展评估，确保它进入新的区域不会成为其他植物的危害；另一方面要针对伴随植物及植物产品流通过程中的其他植物开展评估，防止这些植物造成危害。ISPM 第 11 号标准多次提到"作为有害生物的植物"（plants as pest），以下行文将其简称为"有害植物"，其他中文出版物一般都是使用"杂草"这个名称。

ISPM 第 11 号标准附件 4 特别说明了植物作为检疫性有害生物的有害生物风险分析过程和注意事项。行标《杂草风险分析技术要求》（SN/T 1893—2007）聚焦引入或传入植物，从环境适生能力、繁殖和定殖后扩散的能力、经济影响能力和环境影响能力来分析植物特征，综合考虑引入或传入的可能性与引入或传入的结果得出风险等级。我国当前列入进境名录的检疫性有害植物信息可重点参考《中国进境植物检疫性有害生物——杂草卷》（主编印丽萍）。

一、植物本身

根据 ISPM 02、ISPM 11 和国标《进出境植物和植物产品有害生物风险分析技术要求》（GB/T 20879—2007），可以通过某种植物是否存在有害生物记录，是否具备高繁殖、强竞争、广扩散等特性来判断其是否可能成为有害植物。应特别注意的是新引入植物与出现危害现象通常会有一定的时滞。

凤眼蓝（*Eichhornia crassipes*），别称凤眼莲、水葫芦，属于雨久花科、凤眼蓝属。起源于南美，现已广泛分布于全球热带、亚热带区域，目前已成为危害最严重的水生多年生杂草之一。凤眼蓝于 1901 年被引入中国，主要用于园艺和饲料用途（Xie et al.，2001）。其因生长、繁殖迅速，能够在较短时间内大面积占据水体表面，对水域生态系统造成巨大影响（图 6-1）。

图 6-1 凤眼蓝

类似的还有空心莲子草（*Alternanthera philoxeroides*）和大米草（*Spartina anglica*）。因此未来再开展种质资源引进时，需要更加谨慎，必须做好风险分析（Xu et al.，2014）。考虑到很多物种并没有太多的信息，需要与隔离试种等措施结合起来，从而建立起初评—原产地考察—隔离温室试种—小规模扩繁的逐级风险管理体系，才能更好地服务于种质资源引进和生物安全保障。

二、植物及植物产品伴随的有害植物

在植物生产、储运、加工过程中，难免有其他植物共生共存，其中有些就是具有危害性的杂草等有害植物，特别是在进境粮谷类产品中。

海关总署公告 2020 年第 33 号（《关于进口德国甜菜粕检验检疫要求的公告》）规定，德国输华甜菜粕（dried sugar beet pulp pellets）中不得带有假高粱（*Sorghum halepense*）、菟丝子属（*Cuscuta* spp.）、列当属（*Orobanche cernua*、*Orobanche crenata*、*Orobanche cumana*、*Orobanche minor*）这些中方关注的检疫性有害植物。如果在进境检疫时发现植

物种子，作除害、退回或销毁处理。

种子进口时常会混杂其他植物的种子。澳大利亚对进口种子中发现的污染性有害植物种子进行评估，根据结果分为两类：限制性种子（restricted seed）和零容忍种子（seed with nil tolerance）。例如，瓜尔豆（*Cyamopsis tetragonolobus*）种子的限制量是 35 粒 /kg，来自小麦印度腥黑穗病菌（Karnal Bunt, *Tilletia indica*）疫区的小麦属种子就是零容忍种子。

三、黄花刺茄

黄花刺茄（*Solanum rostratum*），又称刺萼龙葵，为茄科、茄属一年生草本植物（魏守辉和杨龙，2013）。该种起源于北美洲，目前已经扩散到亚洲、非洲、欧洲、大洋洲多个国家。1981 年，我国在辽宁朝阳首次发现黄花刺茄，现已扩散至吉林、河北、北京、内蒙古及新疆（魏守辉和杨龙，2013）。该种分别被《中华人民共和国进境植物检疫性有害生物名录》《国家重点管理外来入侵物种名录（第一批）》和《中国自然生态系统外来入侵物种名单（第四批）》收录，是我国目前重点关注的一种检疫性有害植物（图 6-2）。根据多指标综合评价法（蒋青等，1995；详见本书第四章第二节）对黄花刺茄进行分析，$P_1=2$、$P_2=2.6$、$P_3=3$、$P_4=1.89$、$P_5=2$，计算得出 $R=2.3$，属于Ⅱ级（2.0～2.4）高度危险（魏巍，2018）。

图 6-2　黄花刺茄

四、口岸截获有害植物

自 20 世纪 50 年代以来，我国各口岸植物检疫机构截获的杂草和外来入侵植物种类多达 600 余种（朱水芳等，2019）。根据动植物检疫信息资源共享服务平台统计，2003 年以来截获较多的有假高粱、刺苍耳、豚草、刺蒺藜草、锯齿大戟、三裂叶豚草、法国野燕麦、硬雀麦、黑高粱、长芒苋、疏花蒺藜草、西方苍耳、皱匕果芥、匍匐矢车菊、假苍耳、西部苋、具节山羊草、意大利苍耳、南方三棘果、长刺蒺藜草、南美苍耳、糙果苋、菟丝子、匍匐矢车菊、加拿大苍耳、刺茄、不实野燕麦等。

第二节 昆　　虫

通常害虫包括昆虫（昆虫纲）和螨类（蛛形纲），而当前中国的几个检疫性有害生物名录已没有螨类，故本书将不介绍此生物类群。昆虫（insect）是种类最多、数量最大的动物类群，既包括对人类有益的蜜蜂、蚕等经济昆虫，也有很多对人类危害极大的害虫，如蝗虫、蚊、蝇等。在植物检疫领域，有害昆虫既可能发生在田间，直接取食植物的根、茎、叶、果，也可能发生在植物及植物产品的仓储环节。根据口器类型不同，有害昆虫可以分为刺吸式和咀嚼式，刺吸式常传播病毒病（李尉民，2003）。我国当前列入进境名录的检疫性有害昆虫信息可参考《中国进境植物检疫性有害生物——昆虫卷》（主编陈乃中）。

一、田间有害昆虫

海关总署公告 2020 年第 37 号（《关于进口美国油桃植物检疫要求的公告》）规定，美国输华油桃（*Prunus persica* var. *nucipersica*；nectarine）中不得带有墨西哥按实蝇（*Anastrepha ludens*）、山榄按实蝇（*Anastrepha serpentina*）、条纹按实蝇（*Anastrepha striata*）、加勒比按实蝇（*Anastrepha suspensa*）、果树黄卷蛾（*Archips argyrospila*）、橘带卷蛾（*Argyrotaenia citrana*）、芒果白轮盾蚧（*Aulacaspis rosae*）、地中海实蝇（*Ceratitis capitata*）、玫瑰色卷蛾（*Choristoneura rosaceana*）、苹果蠹蛾（*Cydia pomonella*）、桃白圆盾蚧（*Epidiaspis leperii*）、杏小食心虫（*Grapholita prunivora*）、槟栉盾蚧（*Hemiberlesia rapax*）、榆蛎蚧（*Lepidosaphes ulmi*）、荷兰石竹小卷蛾（*Platynota stultana*）这些中方关注的检疫性有害昆虫。该公告里共列举了 16 种中方关注的检疫性有害生物，其中 15 种是昆虫，15 种昆虫里有 5 种是实蝇，可见昆虫特别是实蝇在新鲜水果植物检疫要求中的重要地位。如果在进境检验检疫时发现这些有害生物活体，将按《新鲜水果截获检疫性有害生物处理程序谅解备忘录》的规定执行。

按照《澳大利亚鲜甜橙输往越南植物卫生要求》[Phytosanitary Requirrmrnts for Importation of Fresh Orange Fruit（*Citrus sinensis*）Imported From Australia Into Vietnam]，澳大利亚输往越南的橙（*Citrus sinensis*）中被定为高风险的检疫性有害生物有 4 种是实蝇，分别是扎氏果实蝇（*Bactrocera jarvisi*）、褐肩果实蝇（*Bactrocera neohumeralis*）、昆士兰实蝇（*Bactrocera tryoni*）和地中海实蝇（*Ceratitis capitata*）。

地中海实蝇是一种重要的杂食性热带昆虫（图 6-3），起源于非洲，20 世纪已扩散到各大洲，可危害 200 多种水果和蔬菜（孙佩珊等，2017a）。通常以成虫在果实上产卵，幼虫孵出后即在果实内取食，果实被害率高达 50%～90%。因此，为了防控地中海实蝇入侵中国，我国检疫部门一直重点关注。1967 年，原农业部植物检疫实验所在《植物检疫参考资料》里就记录了地中海实蝇的相关信息。1981 年，我国驻美国旧金山总领事馆电告美国地中海实蝇疫情，原农业部向国务院提交《关于严防地中海实蝇传入国内的紧急报告》。1993 年，徐岩等完成《对美国（华盛顿州和加利福尼亚州）地中海实蝇的危险性分析》（陈洪俊，2012）。2007 年，该虫作为小条实蝇属（*Ceratitis*）的一种被列入《中华人民共和国进境植物检疫性有害生物名录》。目前地中海实蝇在我国尚未定殖，结合地中海实蝇在中国的发生可能性和可能造成的危害损失程度，从进入、定殖、扩散可能性及后果评估4个层面对地中海实蝇入侵中国进行风险评估。结果显示中国具备了该虫进入、定殖的条件，且该虫在我国扩散风险高，易造成巨大的经济和环境影响（孙佩珊等，2017a；蓝帅，2020）。为了防止该虫进入，我国需进一步完善实蝇监测体系，加强进境口岸管理力度，针对可能携带该虫的进境植物产品等执行严格的检疫管理措施。

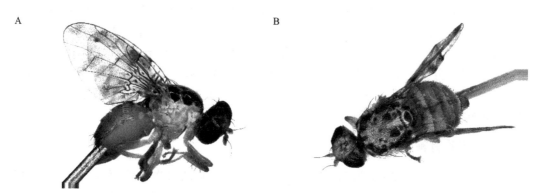

图 6-3 地中海实蝇（中国检验检疫科学研究院陈克供图）

A. 侧视图；B. 背视图

二、仓储有害昆虫

海关总署公告2020年第39号（《关于进口乌兹别克斯坦花生检验检疫要求的公告》）规定，乌兹别克斯坦输华花生中不得带有豌豆象（*Bruchus pisorum*）、谷蛾（*Nemapogon granella*）、地中海粉螟（*Anagasta kuehniella*）、象鼻虫（*Sitophilis ranarium*）这些中方关注的检疫性有害昆虫。这些仓储昆虫在籽实类植物检疫要求中占有重要地位。更多仓储甲虫信息可查询《储藏物甲虫彩色图鉴》（主编张生芳、陈洪俊、薛光华）。

三、马铃薯甲虫

马铃薯甲虫（*Leptinotarsa decemlineata*；Colorado potato beetle）是世界著名的检疫性有害生物，起源于北美，现已扩散至欧亚大陆数十个国家（图6-4）。根据《植物检疫条例实施细则（农业部分）》关于定期调查、编制植物检疫性有害生物分布情况的规定，2019年5月16日，农业农村部发布了其编制的《2018年全国农业植物检疫性有害生物分布行政区名录》。马铃薯甲虫现分布于我国3个省（自治区）45个县（区、市）（表6-1）。

作为马铃薯甲虫入侵我国的前沿区，黑龙江省面临着严峻的马铃薯甲虫入侵压力。假设马铃薯甲虫平均造成35%的马铃薯防治前产量损失率，则潜在年经济损失约为28亿元，若对前沿区采用检疫管理，则需每年投入管理支出约1000万元（刘明迪等，2019）。经过几年的持续努力，目前黑龙江省马铃薯甲虫疫情县级行政区由7个减少到1个，发生面积由2015年的633亩[①]大幅降低到2018年的3.3亩。充分说明未来再防控

---

① 1亩≈666.7m²

图 6-4 马铃薯甲虫

A. 幼虫；B. 成虫

已定殖有害生物扩散时，应该重点划定前沿区，集中力量进行根除。

表 6-1 马铃薯甲虫分布行政区名录（2018 年）

省（自治区）	县（区、市）
吉林省	延边朝鲜族自治州：珲春市
黑龙江省	鸡西市：鸡东县，虎林市，密山市 双鸭山市：宝清县，饶河县 牡丹江市：东宁市，绥芬河市
新疆维吾尔自治区	乌鲁木齐市：新市区，米东区，乌鲁木齐县 昌吉回族自治州：昌吉市，阜康市，呼图壁县，玛纳斯县，奇台县，吉木萨尔县，木垒县 博尔塔拉蒙古自治州：博乐市，精河县，温泉县 伊犁哈萨克自治州：伊宁市，奎屯市，伊宁县，察布查尔县，霍城县，巩留县，新源县，昭苏县，特克斯县，尼勒克县 塔城地区：塔城市，乌苏市，额敏县，沙湾县，托里县，裕民县，和布克赛尔县 阿勒泰地区：阿勒泰市，布尔津县，福海县，哈巴河县，吉木乃县 石河子市 五家渠市

资料来源：http://www.moa.gov.cn/nybgb/2019/201906/201907/t20190701_6320036.htm

四、口岸截获有害昆虫

根据动植物检疫信息资源共享服务平台统计，2003 年以来截获较多的昆虫有四纹豆象、中对长小蠹、云杉八齿小蠹、稀毛乳白蚁、双钩异翅长蠹、长林小蠹、大洋臀纹粉蚧、橡胶材小蠹、入侵红火蚁、新菠萝灰粉蚧、咖啡果小蠹、南洋臀纹粉蚧、鹰嘴豆象、巴西豆象、南部松齿小蠹、番石榴果实蝇、黄杉大小蠹、希氏长小蠹、赤材小蠹、非洲乳白蚁、南亚实蝇、红腹尼虎天牛、灰豆象、辣椒实蝇、微扁谷盗、菜豆象、短体长小蠹、芒果象甲、拟长尾粉蚧、瓜实蝇、兴慈长小蠹、似筒长小蠹、欧桦小蠹、美松齿小蠹、美雕齿小蠹、大家白蚁、谷斑皮蠹、红翅大小蠹等。

第三节 菌 物

菌物（fungal）包括真菌（fungi）、黏菌（myxomycete）与卵菌（oomycetes）。我国当前列入进境名录的检疫性有害菌物信息可参考《中国进境植物检疫性有害生物——菌物卷》（主编严进、吴品珊）。本节将主要针对真菌进行介绍。

一、有害真菌

海关总署公告 2019 年第 179 号（《关于进口哈萨克斯坦饲用小麦粉检验检疫要求的公告》）规定，哈萨克斯坦输华饲用小麦粉中不得带有小麦矮腥黑穗病菌（*Tilletia controversa*，TCK）、小麦印度腥黑穗病菌（*Tilletia indica*）、小麦叶疫病菌（*Alternaria triticina*）这些中方关注的检疫性有害病菌。如果发现小麦矮腥黑穗病菌或小麦印度腥黑穗病菌，进口饲用小麦粉将作退回或销毁处理，并将暂停进口。

从墨西哥输往美国的马铃薯块茎规定的检疫性有害生物包括 *Rosellinia bunodes*、*R. pepo*、*Synchytrium endobioticum* 和 *Thecaphora solani*。这些马铃薯必须使用经过墨西哥国家植物保护机构认证的没有被这 4 种真菌侵染的种薯进行种植生产。

二、小麦矮腥黑穗病菌

1999 年中美签署《中美农业合作协议》，在美国出口小麦不会对中国小麦生产造成风险的前提下，中国同意进口美国所有区域的小麦，美国小麦要达到每 50g 样品里 TCK 孢子不超过 30 000 个的标准。鉴于 1973 年以来我国多次发现美国输华小麦带有小麦矮腥黑穗病菌，中美两国围绕小麦矮腥黑穗病菌开展了一系列科技合作与交流，签署了《中美小麦矮腥上海研讨会谅解备忘录》（章正，2006，2007；陈克等，2002b）。1980～1985 年，大连动植物检疫所、原农业部植物检疫实验所及新疆动植物检疫所的研究证明了小麦矮腥黑穗病能够在中国非积雪冬麦区发生。近年又在美国、立陶宛输华小麦中多次发现 TCK，我国 TCK 防控的形势依然严峻。

三、油菜茎基溃疡病菌

油菜茎基溃疡病菌（*Leptosphaeria maculans*）是一种严重危害油菜生产的真菌（图 6-5）。该病菌现已在北美洲、欧洲、大洋洲等很多国家发生，造成了严重的危害（Fitt et al.，2008；Zhang et al.，2014），近年来是中加、中澳农产品上的重要议题（朱水芳等，2019）。

进入：2009 年因在加拿大和澳大利亚进口油菜籽中多次截获油菜茎基溃疡病菌，原国家质量监督检验检疫总局特发布《关于进口油菜籽实施紧急检疫措施的公告》。2019 年海关总署又在进口加拿大油菜籽中检出油菜茎基溃疡病菌。

定殖：物种分布模型（Maxent）显示新疆西北部部分地区为中高度适生区，GARP（Genetic Algorithm for Rule-Set Prediction）软件显示内蒙古、吉林、陕西、宁夏、甘肃、新疆、西藏部分地区为中高度适生区（孙颖等，2015）。这些地区与我国春油菜种植区有一定的重合，因此该病菌具备了在我国定殖的可能性（Fitt et al.，2008）。一旦定殖，油

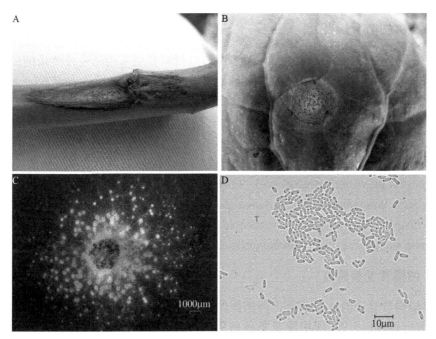

图 6-5　油菜茎基溃疡病菌（上海海关易建平供图）
A．茎秆上的溃疡斑；B．叶片症状；C．分生孢子器；D．分生孢子

菜茎基溃疡病菌在我国北部的春油菜区扩散速度可以达到 47km/ 年，而在我国中部的冬油菜区高达 70km/ 年（Zhang et al., 2014）。

损失：研究预测从开始定殖到之后的 16 年间，我国油菜籽总经济损失为 79 亿美元，如果采取有效的检疫措施能够延迟疫情的发生并降低损失（Fitt et al., 2008）。

四、口岸截获有害真菌

根据动植物检疫信息资源共享服务平台统计，2003 年以来截获较多的真菌有向日葵黑茎病菌、大豆北方茎溃疡病菌、十字花科蔬菜黑胫病菌、小麦印度腥黑穗病菌、美澳型核果褐腐病菌、大豆疫霉病菌、洋葱黑粉病菌、苹果黑星菌、大豆南方茎溃疡病菌、大豆茎褐腐病菌、小麦矮腥黑穗病菌、葡萄茎枯病菌、栎树疫霉猝死病菌、丁香疫霉病菌、烟草霜霉病菌、麦类壳多胞斑点病菌、苹果壳色单隔孢溃疡病菌、苹果树炭疽病菌、苹果牛眼果腐病菌、山茶花腐病菌、杜鹃花枯萎病菌、豌豆脚腐病菌、苹果星裂壳孢果腐病菌、苹果果腐病菌、黄瓜黑星病菌、棉花黄萎病菌等。

第四节　原核生物

植物病原原核生物包括细菌（bacteria）和植原体（phytoplasma）。我国当前列入进境名录的检疫性有害原核生物信息可参考《中国进境植物检疫性有害生物——细菌卷》（主编赵文军、冯建军）。

一、有害细菌

海关总署公告 2020 年第 12 号（《关于进口巴西鲜食甜瓜植物检疫要求的公告》）规定，巴西输华鲜食甜瓜中不得带有瓜类细菌性果斑病菌［*Acidovorax citrulli*（Schaad et al.）］这种中方关注的检疫性有害细菌。针对该有害生物，需要从种子开始就开展相应的检验。如果在生长期间确认发生了瓜类细菌性果斑病，则该产地所有注册果园在这个出口季均禁止向中国出口。

从印度输往美国的芒果规定的检疫性有害生物包括芒果细菌性黑斑病菌（*Xanthomonas campestris* pv. *mangiferaeindicae*）。植物卫生证书需额外标明该货物经查验没有携带 *Cytosphaera mangiferae*、*Macrophoma mangiferae* 和 *Xanthomonas campestris* pv. *mangiferaeindicae*（consignment was inspected and found free of *Cytosphaera mangiferae*，*Macrophoma mangiferae*，and *Xanthomonas campestris* pv. *mangiferaeindicae*）。

二、柑橘黄龙病病菌

引起柑橘黄龙病的病原菌有三种植原体，分别是亚洲柑橘黄龙病病菌（*Candidatus* Liberibacter asiaticus）、非洲柑橘黄龙病病菌（*Candidatus* Liberibacter africanus）和美洲柑橘黄龙病病菌（*Candidatus* Liberibacter americanus），主要危害柑橘属、金柑属、枳属等多种芸香科植物，前两者均在《中华人民共和国进境植物检疫性有害生物名录》中，其中亚洲柑橘黄龙病病菌还在《全国农业植物检疫性有害生物名单》里。

根据《全国农业植物检疫性有害生物分布行政区名录》，2018 年亚洲柑橘黄龙病病菌在我国分布于 10 个省（自治区）324 个县（区、市），包括浙江省、福建省、江西省、湖南省、广东省、广西壮族自治区、海南省、四川省、贵州省和云南省。该病菌可通过昆虫介体如柑橘木虱（*Diaphorina citri*）传播。

三、梨火疫病菌

梨火疫病菌（*Erwinia amylovora*）是蔷薇科特别是苹果、梨等重要经济水果的毁灭性病害病菌，已被列入《中华人民共和国进境植物检疫性有害生物名录》，属极度危险性病害（图 6-6）。1780 年首次在美国纽约州发现，现已在北美洲、欧洲、亚洲多个国家分布（赵友福和林伟，1995）。

进入：从 CABI-ISC 数据库分布国家看，目前中国周边的哈萨克斯坦、吉尔吉斯斯坦局部有分布，俄罗斯远东有发生，韩国已发生、正在根除（present, transient under eradication）；2020 年韩国向 IPPC 通报，截至 6 月 19 日已经有 462 个果园发现梨火疫病菌。荷兰有发生，其鲜梨（*Pyrus communis*）已取得我国市场

图 6-6 梨火疫症状
（中国检验检疫科学研究院赵文军供图）

准入，梨火疫病菌是进口荷兰鲜梨植物检验检疫要求中中方重点关注的检疫性有害生物。

定殖：赵友福和林伟（1995）利用地理信息系统分析得出梨火疫病菌在我国西藏、新疆和内蒙古的很多地区不能分布，但是在我国其他地区可以分布。在此基础上，陈晨等（2007）根据苹果开花期温度和降水量分析梨火疫病菌在我国两个苹果优势产区（渤海湾和黄土高原）基本为中高风险。

损失：突尼斯 Mornag 地区的一些果园发病率超过 75%（Rhouma et al.，2014）。1998 年，意大利报道该病菌造成了严重危害，而同年在美国西北水果产区造成的损失超过了 6800 万美元（Bonn，1999）。

四、口岸截获有害细菌

根据动植物检疫信息资源共享服务平台统计，2003 年以来截获较多的细菌有柑橘溃疡病菌、十字花科细菌性黑斑病、十字花科蔬菜黑斑病菌、豌豆细菌性疫病菌、菊基腐病菌、西瓜果斑病菌等。

第五节 病毒与类病毒

病毒（virus）是最简单的生命形式之一，由核酸链和蛋白质外壳组成。类病毒（viroid）仅有共价闭合的单链 RNA 分子。病毒类有害生物可以通过植物繁殖材料、昆虫介体、接触或机械传播（李尉民，2003）。由于病毒类感染的隐蔽性，进口种子时经常需要在种植期进行田检（图 6-7）。我国当前列入进境名录的检疫性有害病毒与类病毒信息可参考《中国进境植物检疫性有害生物——病毒卷》（主编李明福、相宁、朱水芳）。

图 6-7 番茄大棚育苗田检

一、有害病毒

海关总署公告 2019 年第 190 号（《关于进口韩国甜椒检验检疫要求的公告》）规定，韩国输华甜椒（*Capsicum annuum* var. *grossum*）中不得带有番茄斑萎病毒（tomato spotted wilt virus）这种中方关注的检疫性有害病毒，这些甜椒必须是在温室内栽培的。

从西班牙运往美国的番茄规定的检疫性有害生物包括番茄褐色皱果病毒（tomato brown rugose fruit virus）。植物卫生证书需额外标明该批水果经查验没有番茄褐色皱果病毒症状［the fruit in this consignment was inspected and found free of the symptoms of tomato brown rugose fruit virus（ToBRFV）］。

二、番茄褐色皱果病毒

番茄褐色皱果病毒（tomato brown rugose fruit virus，ToBRFV），在约旦和以色列被首先发现（图6-8）（Salem et al.，2016；Luria et al.，2017）。现在已经在北美洲、欧洲和亚洲多个国家发生，中国山东局部发生（Yan et al.，2019）。根据EPPO网站，目前该病毒在阿根廷的A1名单、EPPO的预警名单和EU的紧急措施名单上。目前美国APHIS已要求所有发生该病毒的国家在输美的番茄和辣椒种子中开展检测以确认没有该病毒。

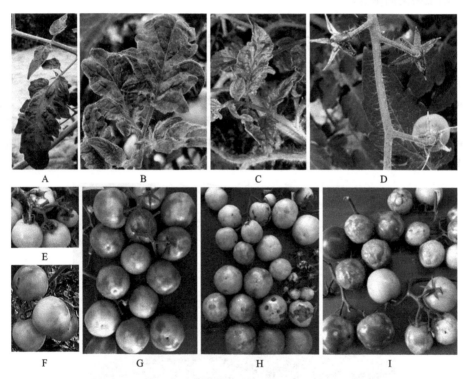

图6-8　番茄褐色皱果病毒侵染番茄（Luria et al.，2017）

A～C. 番茄系统叶片花叶症状；D. 番茄花梗和萼片干化导致果实脱落；E. 花梗、萼片、叶柄坏死症状；
F. 典型的黄斑水果症状；G～I. 番茄果实各种症状；G. 典型症症，H. 大量番茄斑萎病毒（TSWV）和番茄褐色皱果病毒分离株混合侵染症状，I. 在Sde-Nitzan村发现番茄褐色皱果病毒分离株的特殊症状

进入：番茄、辣椒种子繁育是番茄产业发展的重要环节。当前我国番茄、辣椒种子进口国家包括以色列、意大利（局部）、德国（已根除）、法国（根除中）、荷兰（根除中）、西班牙（根除中）、英国（根除中）、美国（已根除）、墨西哥（局部）（刘慧等，2019）。因此番茄褐色皱果病毒具备随番茄、辣椒等种子继续传入中国的可能性。如果山

东发生区域未能做好根除工作，也有从该地区扩散到国内其他地区的可能性。

定殖：番茄和辣椒在我国被广泛种植。番茄褐色皱果病毒在约旦、以色列和我国温室里有发生。而温室的存在将减弱气候对有害生物的限制，成为有害生物跨区域传播的重要网络节点（Wang et al.，2015）。目前山东局部已有报道，结合温室在国内农业的广泛应用，番茄褐色皱果病毒可在我国特别是温室里定殖（图6-9）。

图6-9 我国广泛分布的温室

损失：我国山东温室里约有50%的植株都发生了感染（Yan et al.，2019）。以色列的一个研究表明有症状的植株平均10%～15%的果实呈现黄点（Luria et al.，2017）。而约旦的发生率达到近乎100%（Salem et al.，2016）。截至2020年2月，土耳其（G/SPS/N/TUR/109，SPS通报编号，下同）、澳大利亚（G/SPS/N/AUS/469）、新西兰（G/SPS/N/NZL/591）、智利（G/SPS/N/CHL/602）、阿根廷（G/SPS/N/ARG/229）、欧盟（G/SPS/N/EU/350）、美国（G/SPS/N/USA/3136）和哥斯达黎加（G/SPS/N/CRI/224）向世界贸易组织卫生及植物卫生措施委员会发出紧急通报（emergency notification）或者正常通报（regular notification）（刘慧等，2019），韩国将其列为检疫性有害生物（G/SPS/N/KOR/212/Add.13）。这些措施将对我国的番茄、辣椒种子出口产生负面影响。

三、口岸截获有害病毒类

根据动植物检疫信息资源共享服务平台统计，2003年以来截获较多的病毒类有菜豆荚斑驳病毒、南芥菜花叶病毒、小麦线条花叶病毒、烟草环斑病毒、李属坏死环斑病毒、草莓潜隐环斑病毒、番茄斑萎病毒、黄瓜绿斑驳花叶病毒、南方菜豆花叶病毒、藜草花叶病毒、菜豆荚斑驳病毒、玉米褪绿斑驳病毒、番茄环斑病毒、番茄黑环病毒等。

第六节　线　　虫

线虫（nematode）广泛分布在土壤与水体中，其寄生在植物体内可造成危害，还可传播真菌、细菌和病毒等其他有害生物（李尉民，2003）。多数植物线虫寄生在植物根部，因而对于接触土壤的植物部分的风险分析常涉及线虫。我国当前列入进境名录的检疫性有害线虫信息可参考《中国进境植物检疫性有害生物——线虫卷》（主编葛建军）。

一、有害线虫

海关总署公告2020年第32号（《关于进口美国马铃薯检验检疫要求的公告》）规定，美国输华加工用新鲜马铃薯（*Solanum tuberosum*）中不得带有马铃薯白线虫（*Globodera pallida*）、马铃薯腐烂茎线虫（*Ditylenchus destructor*）、鳞球茎茎线虫（*Ditylenchus dipsaci*）、奇氏根结线虫（*Meloidogyne chitwoodi*）、拟毛刺线虫的传毒种［*Paratrichodorus* spp.（the species transmiting virus）］、长针线虫的传毒种［*Longidorus* spp.（the species transmiting virus）］、刻痕短体线虫（*Pratylenchus crenatus*）、落选短体线虫（*Pratylenchus neglectus*）、索氏短体线虫（*Pratylenchus thornei*）、毛刺线虫属的传毒种［*Trichodorus* spp.（the species transmiting virus）］、剑线虫属的传毒种［*Xiphinema* spp.（the species transmiting virus）］这些中方关注的检疫性有害线虫。其中针对马铃薯白线虫，要求马铃薯来自非疫区；针对鳞球茎茎线虫、奇氏根结线虫、马铃薯腐烂茎线虫，要求轮作等管理措施。

从墨西哥输往美国的马铃薯块茎规定的检疫性有害生物包括 *Globodera rostochiensis*（golden cyst nematode）和 *Nacobbus aberrans*（false root-knot nematode）。植物卫生证书需额外标明"运输来自马铃薯金线虫非疫区；使用种子无 *Ralstonia solanacearum* raza 3，*Rosellinia bunodes*，*R. pepo*，*Synchytrium endobioticum* 和 *Thecaphora solani*；查验时没有携带 *Rosellinia bunodes*，*R. pepo*，*Synchytrium endobioticum*，*Thecaphora solani*，*Epicaerus cognatus*，*Copitarsia declora* 和 *Nacobbus aberrans*"（shipment is not coming from a *Globdera rostochiensis* area；it has been produced from certified seed free of *Ralstonia solanacearum* raza 3，*Rosellinia bunodes*，*R. pepo*，*Synchytrium endobioticum*，and *Thecaphora solani*；and based on inspection，has been found free of *Rosellinia bunodes*，*R. pepo*，*Synchytrium endobioticum*，*Thecaphora solani*，*Epicaerus cognatus*，*Copitarsia declora*，and *Nacobbus aberrans*）。

二、松材线虫

松材线虫（*Bursaphelenchus xylophilus*）是危害最严重的植物线虫（图6-10），可通过松墨天牛（*Monochamus alternatus*）传播。松材线虫原产于北美洲，后扩散至亚洲、欧洲和非洲多个国家。根据国家林业与草原局公告，松材线虫是唯一的一级危害性林业有害生物。因其危害性、根除难度及木材中存在的其他有害生物，ISPM第15号标准规定用于国际运输的木质包装材料（包括垫木，但不包括经过加工已无有害生物的胶合板等）均应经过适当的热处理或者熏蒸处理并加以标识（朱水芳等，2019）。

进入：松材线虫既可通过自身及松墨天牛自然扩张，也可依托林木产品扩散。2019

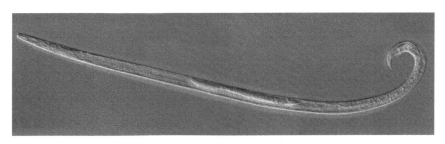

图 6-10　松材线虫雌虫（北京海关边勇供图）

年，大连海关在美国进口货物的木质包装（印有 IPPC 标识）中发现了松材线虫；同年宁波海关在三批进口自美国的南方松原木中发现了松材线虫。

定殖：根据目前已发生情况及 Maxent 模型的预测，松材线虫在我国具有广阔的适宜生存区（韩阳阳等，2015）。在我国，该虫自 1981 年在南京被首次发现，目前已在天津、辽宁、江苏、浙江、安徽、福建、江西、山东、河南、湖北、湖南、广东、广西、重庆、四川、贵州、云南、陕西发生（宁眺等，2004）。

损失：有"松树癌症""松林头号杀手"之称，传播快、防治难度大，直接经济损失和间接损失巨大（韩阳阳等，2015）。早在 2002 年，中华人民共和国国家质量监督检验检疫总局、国家林业局、海关总署、对外贸易经济合作部公告（第 5 号）就要求对韩国货物的木质包装实施临时紧急检疫措施。

三、口岸截获有害线虫

根据动植物检疫信息资源共享服务平台统计，2003 年以来截获较多的线虫有松材线虫、短颈剑线虫、卢斯根腐线虫、山茶根结线虫、穿刺根腐线虫、苹果根结线虫、鳞球茎茎线虫、马铃薯腐烂茎线虫、香蕉穿孔线虫、伪短体线虫、菊花滑刃线虫、咖啡根腐线虫、马丁长针线虫、北方根结线虫、朱顶红短体线虫、刻痕短体线虫、日本毛刺线虫、里夫丝剑线虫、铃兰短体线虫、最短尾短体线虫、南方根结线虫等。

第七节　软体动物

软体动物属于无脊椎动物，目前列入检疫性有害生物名录的均为陆生贝类，不仅危害农作物、破坏生物多样性，还是很多人畜共患寄生虫的中间寄主（朱水芳等，2019）。陆生软体动物的远距离传播途径包括人为引种传播、运输工具传播、随种苗和木质包装物传播、随进境原粮传播、随废料传播、作为宠物传播等（朱水芳等，2019）。

一、有害软体动物

海关总署公告 2019 年第 175 号（《海关总署关于进口老挝甘薯植物检疫要求的公告》）规定，老挝输华甘薯（*Ipomoea batatas*）中不得带有非洲大蜗牛（*Achatina fulica*）这种中方关注的检疫性有害软体动物。

美国、智利、新西兰和日本对地中海白蜗牛（*Cernuella virgata*）实施检疫，影响了澳大利亚农副产品国际贸易（朱水芳等，2019）。我国在《进口澳大利亚小麦大麦植物检验检疫要求》中也将地中海白蜗牛列入关注的检疫性有害生物名单。

二、非洲大蜗牛

非洲大蜗牛（*Achatina fulica*）是一种危害严重的软体动物（图6-11）。其原产于非洲东海岸，现已在非洲、亚洲、欧洲、美洲、大洋洲的多个国家发生。该蜗牛自1932年被引入中国台湾，后因口味不适宜被弃养，却导致20世纪50年代台湾农业损失严重（许志刚，2008）。20世纪60年代，中国台湾将玫瑰蜗牛（*Euglandina rosea*）作为非洲大蜗牛的天敌引进，结果非但没有控制住非洲大蜗牛，反而又成为新的灾害（周卫川，2002；朱水芳等，2019）。

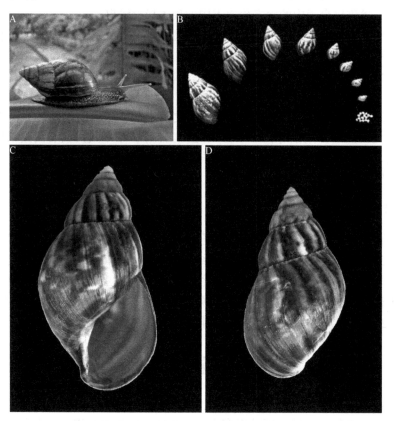

图 6-11　非洲大蜗牛（福州海关王沛供图）
A. 软体；B. 生活史；C. 正侧面；D. 背侧面

进入：非洲大蜗牛的全球扩散更多是人类为了食物、药物、宠物等目的有意为之。其他如逃弃，随建筑材料废弃物和植物等流通，作为鱼饵等有助于其局部扩散。因为在我国已有部分地区发生，同时也存在随货物及邮寄物等路径进入我国的可能性，所以其分布范围有可能进一步扩大。

定殖：因为其源于非洲，原认为非洲大蜗牛只适于在热带地区发生，但其目前分布已显示其有较广的环境容忍性，在温带地区也能存活。我国福建、广东、广西、贵州、海南、云南、香港、台湾都有分布。

损失；非洲大蜗牛是一种杂食性有害生物，还是棕榈疫霉（*Phytophthora palmivora*）、管圆线虫（*Angiostrongylus cantonensis*）等的媒介。它对动植物产品、作物生产、环境、人类健康、本土动植物均有负面影响。

三、口岸截获有害软体动物

根据动植物检疫信息资源共享服务平台统计，2003 年以来截获较多的软体动物有非洲大蜗牛、散大蜗牛、花园葱蜗牛、比萨茶蜗牛、盖罩大蜗牛等。

第七章 名 录

A set is a Many that allows itself to be thought of as a One（集合就是整齐划一）.

——Georg Cantor，*Gesammelte Abhandlungen*

名录是将具有共同属性的事物放在一起，从数学上讲就是一个集合。管制性/检疫性有害生物名录就是管制性/检疫性有害生物的集合，是已经过风险评估并确定为相应类别的有害生物列表，从而明确当前及未来一段时间的风险管理重点，也可避免相似情况下的重复评估从而节约资源与时间。因此名录也是植物检疫有害生物风险分析中的一项重要工作内容。

《国际植物保护公约》（英文版本）在 Article Ⅶ paragraph 2（i）中明确提出"各缔约方应尽力制修订使用学名的管制性有害生物名录，并将这些名录提供给秘书处、它们所属的区域植物保护组织，并应要求提供给其他缔约方"（contracting parties shall，to the best of their ability，establish and update lists of regulated pests，using scientific names，and make such lists available to the secretary，to regional plant protection organizations of which they are members and，on request，to other contracting parties），同时 IPPC 秘书处需"向所有缔约方和区域植物保护组织散发按照第Ⅶ条第 2（i）款禁止或者限制进入的管制性有害生物名录"［lists of regulated pests whose entry is prohibited or referred to in Article Ⅶ paragraph 2（i）to all contracting parties and regional plant protection organizations］。由此可见，制修订相关名录也是履约的需要。因此 ISPM 第 19 号标准（Guidelines on Lists of Regulated Pests）特别规定了制定、维护和公布管制性有害生物名录的程序。

第一节 国 外 名 录

区域植物保护组织与国家植物保护机构对外公布了一系列管制性/检疫性有害生物名录，部分可以直接在 IPPC 官方网站上查询（https://www.ippc.int/en/countries/all/regulatedpests/）。有些国家会提供一个网站供大家查询，如新西兰的"进境商品生物安全关注生物登记"网站（Biosecurity Organisms Register for Imported Commodities，https://www.biosecurity.govt.nz/news-and-resources/resources/registers-and-lists/biosecurity-organisms-register-for-imported-commodities/），该网站对生物类群的划分非常详细，包括藻（alga）、细菌（bacterium）、未知病害（disease of unknown etiology）、真菌（fungi）、昆虫（insect）、螨虫（mite）、软体动物（mollusc）、多足动物（myriapod）、线虫（nematode）、植原体（phytoplasma）、植物（plant）、原生动物（protozoan）、蜘蛛（spider）、类病毒（viroid）和病毒（virus）（孙佩珊，2017b）。本节仅列举美国的管制性有害生物名录、EPPO 的名录及日本的禁止进境物名录。鉴于入侵生物与植物检疫的相关性，入侵生物名录对检疫名录也有非常大的参考价值。

一、美国管制性有害生物名录

美国于 2017 年 11 月 15 日公布了管制性有害生物名录（U.S. Regulated Plant Pest List），共有 6919 条物种信息，包括了有害生物的学名及分类地位。按照其说明，名录中的有害生物必须符合三个条件，即符合 IPPC 的管制性有害生物的定义、属于美国的检疫性有害生物、过去 5 年曾被进境口岸查获，但明确了该管制性有害生物名录不含管制的非检疫性有害生物，因此其实际上就是检疫性有害生物名录。

按照美国《植物保护法》（Plant Protection Act），美国农业部（United States Department of Agriculture，USDA）动植物卫生检验局（Animal and Plant Health Inspection Service，APHIS）植物保护与检疫处（Plant Protection and Quarantine，PPQ）负责管理该名录。对于名录以外的有害生物，在一定条件下 PPQ 也可以采取行动，包括先前未被查获过或者不宜确认的物种。对于名单中的有害生物，如果其定殖风险低时，PPQ 也可能不采取措施。

二、欧洲及地中海植物保护组织检疫性有害生物推荐名录

欧洲及地中海植物保护组织（EPPO）于 20 世纪 70 年代初就开始研究检疫性有害生物推荐名录（EPPO A1 and A2 List of Pests Recommended for Regulation as Quarantine Pests），1975 年批准了第一版名录。EPPO A1 名录中的有害生物在 EPPO 区域未分布，而 EPPO A2 名录中的有害生物在 EPPO 区域未广泛分布。早年入选 A1 和 A2 名录的有害生物需要由成员方提出并基于科学资料和专家判断；20 世纪 90 年代开始，入选 A1 和 A2 名录的有害生物需要经过风险分析。

该名录目前是每年定期更新，当前版本的更新时间是 2020 年 9 月，按照细菌与植原体（bacteria and phytoplasmas）、真菌（fungi）、病毒与类病毒（viruses and virus-like organisms）、昆虫和螨类（insects and mites）、线虫（nematodes）、软体动物门腹足纲（Gastropoda）和入侵植物（invasive plants）分类列出学名。该名录在线版可以直接链接到相关有害生物在 EPPO Global Database 的网页，可以查询到更多寄主、分布、照片等详细信息，很多还会有基本信息文件和风险分析报告。

三、日本检疫性有害生物名录与禁止进境植物名录

日本的检疫性有害生物名录是作为《日本植物防疫法实施细则》的附表 1，分为"有害动物"与"有害植物"两部分。当前版本的更新时间是 2016 年 5 月 24 日。

日本另有禁止进境植物名录是作为《日本植物防疫法实施细则》的附表 2，列举了因有检疫性有害生物而禁止进境的植物及其分布的国家或地区，包括 *Ceratitis capitate*（mediterranean fruit fly）、*Bactrocera dorsalis* species complex（oriental fruit fly）、*Bactrocera tryoni*（queensland fruit fly）、*Bactrocera cucurbitae*（melon fly）、*Cydia pomonella*（codling moth）、*Cylas formicarius*（sweet potato weevil）、*Euscepes postfasciatus*（west Indian sweet potato weevil）、*Synchytrium endobioticum*（potato wart）、*Leptinotarsa decemlineata*（colorado potato beetle）、*Globodera rostochiensis*（potato cyst nematode）、*Globodera pallida*（white potato cyst nematode）、*Peronospora tabacina*（blue mold）、*Radopholus citrophilus*（citrus burrowing nematode）、*Mayetiola destructor*（hessian fly）、*Ditylenchus angustus*（rice stem nematode）、*Balansia oryzae-sativae*、*Xanthomonas oryzae* pv. *oryzicola* 、*Erwinia amylovora*（fire blight）、*Candidatus* Liberibacter africanus、*Candidatus* Liberibacter americanus、*Candidatus* Liberibacter asiaticus 及其他在日本无分布的有害生物。当前版本为 2020 年 5 月 11 日更新。

四、入侵生物名录

"爱知生物多样性目标"（Aichi Biodiversity Targets）纲要目标第九条要求确定重点关注入侵物种（潘绪斌等，2015）。基于各国植物检疫截获疫情数据，虽然每年发现的物种非常多，但其中能产生较大危害从而具有管理意义的只是少数，这就需要开展针对入侵生物的风险分析。各国爱知目标及国家报告可以在 CBD 网站搜索。

2000 年，世界自然保护联盟（International Union for Conservation of Nature，IUCN）公布了 100 种世界上最具危险性的外来入侵生物，与一般检疫性有害生物名录不同的是其更多地纳入了鱼类、两栖类、爬行类、鸟类和哺乳类的物种。欧盟的外来入侵生物法规（EU Regulation 1143/2014 on Invasive Alien Species）制定了欧盟关注的外来入侵生物名录（List of Invasive Alien Species of Union Concern），经过风险评估后已经对名录作了两次更新。EPPO 基于评估建立了外来入侵植物名单（List of Invasive Alien Plants）和外来入侵植物观察名单（Observation List of Invasive Alien Plants）。CABI 开发了扫描工具（horizon scanning tool）用以确认和分类外来物种。

五、国外名录的借鉴

国外检疫性有害生物名录制修订过程有很多特点，如流程完备、不断修订、重视风险分析等，这些都是我们开展检疫名录制修订值得借鉴的地方。同时，我们还要特别关注国外检疫性有害生物名录所列举的有害生物。对于国外名录已经列入的有害生物，一部分符合管制性有害生物定义特别是检疫性有害生物定义的可以直接列入我国相关备选名单中，如果能找到其列入的依据报告，对我们开展进一步风险评估及后续防控都有巨大的价值；还有一部分在我国有分布、涉及植物及植物产品国内或者国际贸易的有害生物，非常有必要加强区域化管理，这样既能防控有害生物，又能促进商品安全流通。

第二节 国 内 名 录

《中华人民共和国进出境动植物检疫法》第五条规定"国家禁止下列各物进境：（一）动植物病原体（包括菌种、毒种等）、害虫及其他有害生物；（二）动植物疫情流行的国家和地区的有关动植物、动植物产品和其他检疫物；（三）动物尸体；（四）土壤。口岸动植物检疫机关发现有前款规定的禁止进境物的，作退回或者销毁处理。因科学研究等特殊需要引进本条第一款规定的禁止进境物的，必须事先提出申请，经国家动植物检疫机关批准。本条第一款第二项规定的禁止进境物的名录，由国务院农业行政主管部门制定并公布"。第十八条规定"本法第十六条第一款第一项、第二项所称一类、二类动物传染病、寄生虫病的名录和本法第十七条所称植物危险性病、虫、杂草的名录，由国务院农业行政主管部门制定并公布"。第十九条规定"输入动植物、动植物产品和其他检疫物，经检疫发现有本法第十八条规定的名录之外，对农、林、牧、渔业有严重危险的其他病虫害的，由口岸动植物检疫机关依照国务院农业行政主管部门的规定，通知货主或者其代理人作除害、退回或者销毁处理。经除害处理合格的，准予进境"。第二十六条规定"对过境植物、动植物产品和其他检疫物，口岸动植物检疫机关检查运输工具或者包装，经检疫合格的，准予过境；发现有本法第十八条规定的名录所列的病虫害的，作除害处理或者不准过境"。第二十九条规定"禁止携带、邮寄进境的动植物、动植物产品和其他检疫物的名录，由国务院农业行政主管部门制定并公布。携带、邮寄前款规定的名录所列的动植物、动植物产品和其他检疫物进境的，作退回或者销毁处理"。第三十条规定"携带本法第二十九条规定的名录以外的动植物、动植物产品和其他检疫物进境的，在进境时向海关申报并接受口岸动植物检疫机关检疫。携带动物进境的，必须持有输出国家或者地区的检疫证书等证件"。第三十一条规定"邮寄本法第二十九条规定的名录以外的动植物、动植物产品和其他检疫物进境的，由口岸动植物检疫机关在国际邮件互换局实施检疫，必要时可以取回口岸动植物检疫机关检疫；未经检疫不得运递"。第三十四条规定"来自动植物疫区的船舶、飞机、火车抵达口岸时，由口岸动植物检疫机关实施检疫。发现有本法第十八条规定的名录所列的病虫害的，作不准带离运输工具、除害、封存或者销毁处理"。第三十八条规定"进境供拆船用的废旧船舶，由口岸动植物检疫机关实施检疫，发现有本法第十八条规定的名录所列的病虫害的，作除害处理"。

《进出境动植物检疫法实施条例》第四条规定"国（境）外发生重大动植物疫情并可能传入中国时，根据情况采取下列紧急预防措施：（一）国务院可以对相关边境区域采取控制措施，必要时下令禁止来自动植物疫区的运输工具进境或者封锁有关口岸；（二）国务院农业行政主管部门可以公布禁止从动植物疫情流行的国家和地区进境的动植物、动植物产品和其他检疫物的名录；（三）有关口岸动植物检疫机关可以对可能受病虫害污染的本条例第二条所列进境各物采取紧急检疫处理措施；（四）受动植物疫情威胁地区的地方人民政府可以立即组织有关部门制定并实施应急方案，同时向上级人民政府和国家动植物检疫局报告。邮电、运输部门对重大动植物疫情报告和送检材料应当优先传送"。第七条规定"进出境动植物检疫法所称动植物疫区和动植物疫情流行的国家与地区的名录，由国务院农业行政主管部门确定并公布"。第四十三条规定"禁止携带、邮寄进出境动植物检疫法第二十九条规定的名录所列动植物、动植物产品和其他检疫物进境"。第四十七条规定"来自动植物疫区的船舶、飞机、火车，经检疫发现有进出境动植物检疫法第十八条规定的名录所列病虫害的，必须作熏蒸、消毒或者其他除害处理。发现有禁止进境的动植物、动植物产品和其他检疫物的，必须作封存或者销毁处理；作封存处理的，在中国境内停留或者运行期间，未经口岸动植物检疫机关许可，不得启封动用。对运输工具上的泔水、动植物性废弃物及其存放场所、容器，应当在口岸动植物检疫机关的监督下作除害处理"。

《中华人民共和国生物安全法》第十五条规定"国家建立生物安全风险调查评估

制度。国家生物安全工作协调机制应当根据风险监测的数据、资料等信息，定期组织开展生物安全风险调查评估。有下列情形之一的，有关部门应当及时开展生物安全风险调查评估，依法采取必要的风险防控措施：（一）通过风险监测或者接到举报发现可能存在生物安全风险；（二）为确定监督管理的重点领域、重点项目，制定、调整生物安全相关名录或者清单；（三）发生重大新发突发传染病、动植物疫情等危害生物安全的事件；（四）需要调查评估的其他情形"。第十八条规定"国家建立生物安全名录和清单制度。国务院及其有关部门根据生物安全工作需要，对涉及生物安全的材料、设备、技术、活动、重要生物资源数据、传染病、动植物疫病、外来入侵物种等制定、公布名录或者清单，并动态调整"。第三十九条规定"国家对涉及生物安全的重要设备和特殊生物因子实行追溯管理。购买或者引进列入管控清单的重要设备和特殊生物因子，应当进行登记，确保可追溯，并报国务院有关部门备案。个人不得购买或者持有列入管控清单的重要设备和特殊生物因子"。第六十二条规定"国务院有关部门制定、修改、公布可被用于生物恐怖活动、制造生物武器的生物体、生物毒素、设备或者技术清单，加强监管，防止其被用于制造生物武器或者恐怖目的"。第七十八条规定"违反本法规定，有下列行为之一的，由县级以上人民政府有关部门根据职责分工，责令改正，没收违法所得，给予警告，可以并处十万元以上一百万元以下的罚款：（一）购买或者引进列入管控清单的重要设备、特殊生物因子未进行登记，或者未报国务院有关部门备案；（二）个人购买或者持有列入管控清单的重要设备或者特殊生物因子；（三）个人设立病原微生物实验室或者从事病原微生物实验活动；（四）未经实验室负责人批准进入高等级病原微生物实验室"。

我国于2019年8月30日发布了推荐性国家标准《限定性有害生物名录指南》（GB/T 37801—2019），实施日期为2020年3月1日。该国标确定了管制性有害生物名录的总体要求，名录信息应包括有害生物中文名、学名、类别，还可以有同物异名、相关立法条例或要求的参考资料、有害生物数据表或有害生物风险分析的参考资料、临时措施或紧急措施的参考资料。当口岸截获潜在管制风险有害生物、国内检疫性有害生物种类增删、名录所列有害生物信息变化等情况出现，管制性有害生物名录应该进行更新。

目前国内现行的植物检疫性有害生物名录包括《中华人民共和国进境植物检疫性有害生物名录》《中华人民共和国进境植物检疫禁止进境物名录》《中华人民共和国禁止携带、邮寄进境的动植物及其产品和其他检疫物名录》《全国农业植物检疫性有害生物名单》及各省补充名单，以及《全国林业检疫性有害生物名单》和各省补充名单。除了国内相关的入侵生物名录，根据《农作物病虫害防治条例》，2020年9月15日农业农村部公布了《一类农作物病虫害名录》，包括10种昆虫、7种病原物，其中有些也是我国的检疫性有害生物。

一、《中华人民共和国进境植物检疫性有害生物名录》

2007年5月29日，农业部和国家质量监督检验检疫总局共同制定的《中华人民共和国进境植物检疫性有害生物名录》（中华人民共和国农业部公告第862号）正式发布并实施。2007年名录共有有害生物435种（属）。2009～2013年，在原有基础上又新增扶桑绵粉蚧、向日葵黑茎病菌、木薯绵粉蚧、异株苋亚属、地中海白蜗牛、白蜡鞘孢菌

（表 7-1）。这样现行名录共有 441 种（属）有害生物，分为昆虫、软体动物、真菌、原核生物、线虫、病毒及类病毒和杂草。

表 7-1 新增进境植物检疫性有害生物

时间	公告号	中文名	学名
2009 年 2 月 3 日	农业部、国家质量监督检验检疫总局公告第 1147 号	扶桑绵粉蚧	*Phenacoccus solenopsis* Tinsley
2010 年 10 月 20 日	农业部、国家质量监督检验检疫总局公告第 1472 号	向日葵黑茎病菌	*Leptosphaeria lindquistii* Frezzi
2011 年 6 月 20 日	农业部、国家质量监督检验检疫总局公告第 1600 号	木薯绵粉蚧	*Phenacoccus manihoti* Matile-Ferrero
		异株苋亚属	Subgen *Acnida* L.
2012 年 9 月 17 日	农业部、国家质量监督检验检疫总局公告第 1831 号	地中海白蜗牛	*Cernuella virgata* Da Costa
2013 年 3 月 6 日	农业部、国家质量监督检验检疫总局、林业局公告第 1902 号	白蜡鞘孢菌	*Chalara fraxinea* T. Kowalski

二、《中华人民共和国进境植物检疫禁止进境物名录》

1997 年 7 月 29 日，农业部修订的《中华人民共和国进境植物检疫禁止进境物名录》（农业部公告第 72 号）正式发布，规定了 11 类禁止进境物。禁止进境物主要针对 15 种危害特别严重的检疫性有害生物：玉米细菌性枯萎病菌（*Pantoea stewartia* subsp. *stewartii*）、大豆疫霉根腐病菌（*Phytophthora sojae*）、马铃薯黄矮病毒（potato yellow dwarf virus）、马铃薯帚顶病毒（potato mop-top virus）、马铃薯金线虫（*Globodera rostochiensis*）、马铃薯白线虫（*Globodera pallida*）、马铃薯癌肿病菌（*Synchytrium endobioticum*）、新榆枯萎病菌（*Ophiostoma novo-ulmi*）、松材线虫（*Bursaphelenchus xylophilus*）、松突圆蚧（*Hemiberlesia pitysophila*）、橡胶南美叶疫病菌（*Microcyclus ulei*）、烟草霜霉病菌（*Peronospora hyoscyami* f.sp. *tabacia*）、小麦矮腥黑穗病菌（*Tilletia controversa*）、小麦印度腥黑穗病菌（*Tilletia indica*）、地中海实蝇（*Ceratitis capitata*），防止其随进境物进入我国。

2001～2013 年，农业部、国家林业局、国家出入境检验检疫局、国家质量监督检验检疫总局等单位又相继发布了针对椰心叶甲、香蕉穿孔线虫、刺桐姬小蜂、栎树猝死病菌、油菜茎基溃疡病菌、白蜡鞘孢菌的植物检疫禁止进境物公告（表 7-2）。

表 7-2 新增植物检疫禁止进境物相关公告

时间	公告号	有害生物	植物及植物产品
2001 年 3 月 26 日	农业部、国家林业局、国家出入境检验检疫局公告第 154 号	椰心叶甲 *Brontispa longissima*	棕榈科植物种苗
2002 年 2 月 19 日	国家质量监督检验检疫总局、农业部、国家林业局公告第 10 号	香蕉穿孔线虫 *Radopholus similis*	凤梨、香蕉种苗等香蕉穿孔线虫寄主植物

续表

时间	公告号	有害生物	植物及植物产品
2005 年 8 月 29 日	农业部、国家林业局、国家质量监督检验检疫总局公告第 538 号	刺桐姬小蜂 *Quadrastichus erythrinae*	刺桐属植物
2009 年 7 月 10 日	国家质量监督检验检疫总局公告第 70 号	栎树猝死病菌 *Phytophthora ramorum*	寄主植物（种子、果实及组培苗除外）
2011 年 12 月 21 日	农业部、国家质量监督检验检疫总局公告第 1676 号	油菜茎基溃疡病菌 *Leptosphaeria maculans*	寄主植物种子
2013 年 3 月 6 日	农业部、国家质量监督检验检疫总局、国家林业局公告第 1902 号	白蜡鞘孢菌 *Chalara fraxinea*	白蜡属植物种子、苗木等繁殖材料

三、《中华人民共和国禁止携带、邮寄进境的动植物及其产品和其他检疫物名录》

2012 年 1 月 13 日，农业部和国家质量监督检验检疫总局共同修订的《中华人民共和国禁止携带、邮寄进境的动植物及其产品和其他检疫物名录》（农业部、国家质量监督检验检疫总局公告第 1712 号）正式发布并实施。其中，植物及植物产品类包括 "（八）新鲜水果、蔬菜。（九）烟叶（不含烟丝）。（十）种子（苗）、苗木及其他具有繁殖能力的植物材料。（十一）有机栽培介质"，其他检疫物类包括 "（十二）菌种、毒种等动植物病原体，害虫及其他有害生物，细胞、器官组织、血液及其制品等生物材料。（十三）动物尸体、动物标本、动物源性废弃物。（十四）土壤。（十五）转基因生物材料。（十六）国家禁止进境的其他动植物、动植物产品和其他检疫物"。

四、《全国农业植物检疫性有害生物名单》

2009 年 6 月 4 日，农业部制定的新的《全国农业植物检疫性有害生物名单》和《应施检疫的植物及植物产品名单》（农业部公告第 1216 号）正式发布并实施。列有 9 种昆虫、2 种线虫、6 种细菌、6 种真菌、3 种病毒和 3 种杂草，以及八大类应施检疫的植物及植物产品。2010 年 5 月 5 日扶桑绵粉蚧被列为全国农业检疫性有害生物（农业部、国家林业局公告第 1380 号），因此《全国农业植物检疫性有害生物名单》现有 30 种有害生物（朱水芳等，2019）。

我国有 30 个省（自治区、直辖市）制定了各自的补充植物检疫性有害生物名单（刘慧和赵守岐，2020）。

五、《全国林业检疫性有害生物名单》

2013 年 1 月 9 日，国家林业局制定的新的《全国林业检疫性有害生物名单》和《全国林业危险性有害生物名单》（国家林业局公告第 4 号）正式发布并实施。现有 14 种有害生物，含 1 种线虫、10 种昆虫、2 种真菌和 1 种杂草。

六、《澳门植物检疫性有害生物名录》

《澳门植物检疫性有害生物名录》前期制定工作从 2009 年启动，由原深圳出入境检验检疫局主持完成：从澳门采集了大量标本，鉴定了 122 种（属）植物有害生物；确定了 70 种需要保护的澳门植物名单；完成了 10 种澳门需要保护植物的有害生物风险分析报告，这些成果为《澳门植物检疫性有害生物名录》的制定工作奠定了坚实的基础。

2011 年应澳门特别行政区民政总署邀请，由国家质量监督检验检疫总局组织内地检验检疫机构帮助澳门开展"澳门植物检疫性有害生物名录制定"研究。该项目由中国检验检疫科学研究院主持，原深圳出入境检验检疫局动植物检验检疫技术中心和原珠海出入境检验检疫局技术中心参加，成立了共计 18 名专家组成的 3 个工作组，即昆虫、病害和杂草工作组。工作组专家曾牵头并组织原农业部和原国家质量监督检验检疫总局的进境植物检疫性有害生物名录的制修订，香港特别行政区有害生物风险分析及植物检疫性有害生物名录修订，以及新疆与内地间双向植物检疫危险性有害生物名录制订等工作，在植物检疫性有害生物的鉴定、风险评估、风险管理等方面经验丰富。

通过风险分析工作，经与澳门特别行政区民政总署园林绿化部专家多次交流商讨，最终确定 10 种有害生物［椰心叶甲（*Brontispa longissima*）、南洋臀纹粉蚧（*Planococcus lilacinus*）、刺桐姬小蜂（*Quadrastichus erythrinae*）、棕榈象甲（*Rhynchophorus palmarum*）、红火蚁（*Solenopsis invicta*）、栎树猝死病菌（*Phytophthora ramorum*）、油棕猝倒病菌（*Pythium splendens*）、椰子黄化致死植原体（coconut lethal yellowing phytoplasma）、香蕉穿孔线虫（*Radopholus similis*）、薇甘菊（*Mikania micrantha*）］组成《澳门植物检疫性有害生物名录》。2014 年 8 月 18 日出版的《澳门特别行政区公报》第 33 期第 1 组，公布了第 245/2014 号行政长官批示，核准了《澳门特别行政区植物检疫性有害生物列表》。

七、国内入侵生物名录

由于检疫性有害生物与入侵生物的密切关系，国内相关部门又制定了一系列入侵生物名录（表 7-3）。根据 2014 年《中国履行〈生物多样性公约〉第五次国家报告（报批稿）》，针对"爱知生物多样性目标"第九条，我国设置的国家目标是"到 2020 年，全国林业有害生物成灾率控制在 4%"，所依据的是《全国林业有害生物防治建设规划（2011—2020 年）》，确定的国家指标是"每 20 年新发现的外来入侵物种种数"，总体评估及变化趋势为"恶化：新出现的外来入侵物种种数呈逐步上升的趋势，1950 年后的 60 年间，新出现 212 种外来入侵物种，占外来入侵物种总数的 53.5%"。

表 7-3 中国入侵生物名录

时间	发布部门	名称
2012 年	农业部（现农业农村部）	《国家重点管理外来入侵物种名录（第一批）》
2003 年	国家环保总局（现生态环境部）、中国科学院	《中国第一批外来入侵物种名单》
2010 年	环境保护部（现生态环境部）、中国科学院	《中国第二批外来入侵物种名单》
2014 年	环境保护部、中国科学院	《中国外来入侵物种名单（第三批）》
2017 年	环境保护部、中国科学院	《中国自然生态系统外来入侵物种名单（第四批）》

通过研究，2017 年确定我国入侵物种数目为 667 种（徐海根和强胜，2018）。2019年基于文献报道和数据库资料统计了我国草地生境现有外来入侵植物 183 种，隶属 41 科 123 属（曹婧等，2020）。基于我国植物检疫截获疫情数据，自 2003 年以来每年发现的物种均在千种以上，虽然其中能产生较大危害从而具有管理意义的只是少数，但也需要

开展针对入侵生物的风险分析。根据入侵生物风险分析结果，结合全国普查和重点区域监测，才能更好地掌握我国入侵生物本底情况，为当前管控和预防提供依据。

八、国内名录相互关系

根据 ISPM 第 8 号标准《某地区有害生物状态确定》（Determination of Pest Status in An Area），进境名录所列有害生物可以大体分为存在（presence）、未存在（absence）和短暂发生（transience）三种情形，这也是 EPPO 名录为什么会有 A1 和 A2 两个清单的原因。其中在国内存在的进境名录所列有害生物根据行业相关性可以列入农业名单和林业名单，相反，农业名单和林业名单所列有害生物也应该在进境名单中。《一类农作物病虫害名录》中所列有害生物如果分布不广，那么应酌情列入农业名单和进境名单。入侵生物名录中所列物种如果正在或者将要采取官方防治措施限制其扩散或者减少其分布范围的，也可根据风险分析结果列入进境名单。

第三节　名录制修订

ISPM 第 19 号标准和 GB/T 37801—2019 明确了名录修订的诸多情形，唯一不变的就是需要经过风险分析。有害生物分布范围的变化，意味着检疫地位可能发生变化，因此名录需要作相应的调整；同样随着分子生物学的发展，很多生物的学名及分类地位发生了变化，这时名录也应作相应的调整（潘绪斌等，2015）。

一、韩国检疫性有害生物名录修订

韩国将检疫性有害生物分为两类：禁止性有害生物（prohibited pest）和控制性有害生物（controlled pest）（G/SPS/N/KOR/26）。根据 WTO/SPS 的 Article 7 Transparency（透明）和附录 B《卫生和植物卫生法规透明》（Transparency of Sanitary and Phytosanitary Regulations），查询 WTO 通报系统，韩国对检疫性有害生物的增删进行了持续通报（表 7-4）。从通报内容也可以看出韩国在进行检疫性有害生物名录修订时的"持续修订、有增有删"特点。

表 7-4　韩国检疫性有害生物名录修订记录

时间	编号	内容
1998 年 12 月 14 日	G/SPS/N/KOR/52	增加 244 种检疫性（16 种禁止，228 种控制）
2000 年 9 月 6 日	G/SPS/N/KOR/72	15 种检疫性
2001 年 4 月 11 日	G/SPS/N/KOR/90	增加 3 种以上检疫性
2001 年 10 月 2 日	G/SPS/N/KOR/104	增加 3 种检疫性，30 种管制的非检疫性
2002 年 4 月 12 日	G/SPS/N/KOR/111	增加 24 种检疫性
2002 年 12 月 17 日	G/SPS/N/KOR/122	增加 42 种检疫性
2003 年 6 月 6 日	G/SPS/N/KOR/128	增加 36 种检疫性，删除 3 种检疫性
2003 年 8 月 29 日	G/SPS/N/KOR/141	增加 33 种检疫性
2004 年 5 月 5 日	G/SPS/N/KOR/157	增加 19 种检疫性，删除 3 种检疫性

时间	编号	内容
2004 年 11 月 2 日	G/SPS/N/KOR/170	增加 15 种检疫性
2005 年 6 月 3 日	G/SPS/N/KOR/184	增加 28 种检疫性
2006 年 7 月 6 日	G/SPS/N/KOR/212	增加 51 种检疫性
2007 年 1 月 29 日	G/SPS/N/KOR/212/Add.1	增加 40 种检疫性
2007 年 7 月 20 日	G/SPS/N/KOR/212/Add.2	增加 50 种检疫性
2008 年 1 月 7 日	G/SPS/N/KOR/212/Add.3	增加 34 种检疫性
2008 年 9 月 3 日	G/SPS/N/KOR/212/Add.4	增加 34 种检疫性
2009 年 6 月 12 日	G/SPS/N/KOR/212/Add.5	增加 39 种检疫性
2010 年 11 月 1 日	G/SPS/N/KOR/212/Add.6	增加 1 种检疫性
2013 年 8 月 2 日	G/SPS/N/KOR/212/Add.7	增加 3 种检疫性（1 种禁止，2 种控制）
2014 年 8 月 12 日	G/SPS/N/KOR/212/Add.8	增加 9 种检疫性（1 种禁止，8 种控制）
2014 年 9 月 30 日	G/SPS/N/KOR/212/Add.8/ Corr.1	将上述 1 种禁止改为控制
2017 年 4 月 21 日	G/SPS/N/KOR/212/Add.9	增加 33 种检疫性（1 种禁止，32 种控制）
2018 年 4 月 30 日	G/SPS/N/KOR/212/Add.10	增加 22 种检疫性（1 种禁止，21 种控制）
2018 年 10 月 17 日	G/SPS/N/KOR/212/Add.11	增加 7 种检疫性（7 种控制）
2019 年 3 月 19 日	G/SPS/N/KOR/212/Add.12	增加 24 种检疫性
2019 年 9 月 18 日	G/SPS/N/KOR/212/Add.13	增加 11 种检疫性
2020 年 3 月 11 日	G/SPS/N/KOR/212/Add.14	增加 36 种检疫性（2 种禁止，34 种控制）

二、欧盟植物健康法高风险附录的修订

2016 年 10 月欧洲议会和理事会通过了针对植物有害生物采取保护措施的 2016/2031 法案，该法案又称《植物健康法》（Plant Health Law），除部分条款外法案于 2019 年 12 月 14 日生效。其中涉及的榕属、苏铁是我国重要的出口欧盟的植物产品，该法案的实施对福建漳州的相关产业将产生重大冲击（图 7-1）。

该法案除了对检疫性有害生物名录有所规定之外，还特地在第 42 条规定了限制进境的高风险植物、植物产品及其他物品，直到它们完成全面的风险评估。2018 年 9 月 26 日，欧盟正式向 WTO 提出了通报（G/SPS/N/EU/272），提出了限制进境的 34 属和 1 种种植用植物（原《植物健康法》附录为 39 属）、1 种植物、1 属水果和 1 属树种。2018 年 11 月 22 日欧盟明确了如果进口上述植物等，相关方需要向欧盟提供的资料以便开展风险评估（G/SPS/N/EU/272/Add.1）；2019 年 1 月 8 日欧盟提供了新的高风险植物等名单（G/SPS/N/EU/272/Add.2）；2019 年 1 月 10 日欧盟明确了针对高风险植物等的风险评估程序（G/SPS/N/EU/272/Add.3）。

对比两份高风险植物名单（G/SPS/N/EU/272 原附件和 G/SPS/N/EU/272/Add.2），苏铁属（Cycas）、桉属（Eucalyptus）、铁木属（Ostrya）和丁香属（Syringa）被删除，榕属（Ficus）改为无花果（Ficus carica）。

图 7-1　福建漳州榕树生产基地

在商务部、海关总署、中国花卉协会等相关机构的共同努力下，我国重要出口产品榕树和苏铁从《植物健康法》附录中剔除。在漳州海关与当地花卉企业的支持下，中国检验检疫科学研究院（严进、潘绪斌、徐晗）与福建省农业科学院（余德亿）、中国农业大学（卢国彩）、漳州市林业局（柳银卿）、漳州农业科技园研发中心（兰炎阳）、漳州市花卉研究所（董金龙）共同完成的《中国榕树出口欧盟风险分析报告》和《中国苏铁出口欧盟风险分析报告》起了关键作用。

三、中国名录制修订

（一）历程

中国具有长期的检疫名录制修订历史，以适应不断发展的时代需求。1934 年，张景欧先生在《上海商品检验局业务报告第二辑》上撰文，列举了 2095 种在我国尚未发现或已有发生但分布不广的植物病虫害；1954 年 2 月 22 日对外贸易部公布了《输出输入植物应施检疫种类与检疫对象名单》，名单中提到的检疫性有害生物有 30 种；1966 年农业部公布了《进口植物检疫有害生物名单（草案）》；随后是 1980 年《进口植物检疫对象名单》、1986 年《中华人民共和国进口植物检疫对象名单》、1986 年《禁止进口植物名单》、1992 年《中华人民共和国进境植物检疫危险性病、虫、杂草名录》、1997 年《进境植物检疫禁止进境物名录》、1997 年《进境植物检疫潜在的植物危险性病、虫、杂草（三类有害生物）名录》（李尉民，2003；陈洪俊，2012；王聪等，2014；孙佩珊等，2017b）。《国内植物检疫对象和应施检疫的植物、植物产品名单》和《全国农业植物检疫性有害生物名单》先后在 1957 年、1966 年、1983 年、1995 年、2006 年、2009 年 6 次修订（刘慧和赵守岐，2020）。国内林业检疫名单有 1984 年《国内森林植物检疫对象和应施检疫的森林植物、林产品的名单》、1996 年《森林植物检疫对象和应施检疫的森林植物及其产品名单》和 2004 年《全国林业检疫性有害生物名单》。

国内学者也对国内外名录进行了对比分析研究（冉俊祥，1999；王聪等，2014；孙佩珊等，2017b），并根据定期更新和不定期更新提出了名录制修订流程建议（图 7-2）（潘绪斌等，2015）。对进境名录中病毒、杂草、线虫、菌物等类群也分别作了分析（李明福，2005；吴海荣等，2008；李芳荣等，2015；段维军等，2015；王旭等，2019）。目前有必要加强进境名录中细菌、昆虫、软体动物等类群的对比要求，以期在下一次进境名录修订时能完成对先前工作的归纳、整理。从上述我国名录发展流程和研究可以看出，植物检疫工作者做了大量卓有成效的工作。目前，无论是《中华人民共和国进境植物检疫性有害生物名录》，还是《全国农业植物检疫性有害生物名单》和《全国林业检疫性有害生物名单》，均到了可以开展修订的阶段。

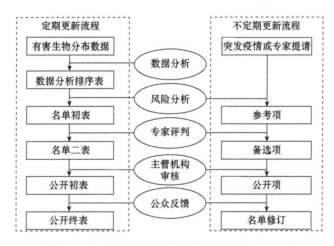

图 7-2　名录制修订流程建议（潘绪斌等，2015）

鉴于管制性/检疫性有害生物名录的重要性，在新一轮的名录制修订过程中必须体现"全面""深入"，最重要的是"科学"。特别是：①在植物检疫相关法律法规制修订时明确名录的地位、发布单位和制修订原则；②全面研究、借鉴国内外已有名录制修订方法、流程与物种，深入理解国内各名录（含农作物病虫害名录、入侵生物名录和生物安全法规定的名录）之间的交叉与衔接；③高度重视风险分析，搭建全球跨境有害生物数据库，综合集合论、智能评估、专家评议，实现名录修订结构化、流程化、标准化。当然，最重要的是需要组建一个经验丰富、创新进取的有害生物风险分析团队，进行长期跟踪维护。

（二）进境名录修订建议

进境植物检疫性有害生物名录事关国家生物安全、粮食安全、对外贸易与国际关系。因此科学合理地制修订进境植物检疫性有害生物名录，既能高效防范外来有害生物传入，又可快速通关促进进出口贸易。我国现行的《中华人民共和国进境植物检疫性有害生物名录》发布于 2007 年。十多年来，进出口贸易情形已经发生了巨大变化，目前我国已成为世界最大的农产品进口国，而国际上贸易保护主义趋势更加明显；从口岸截获疫情数据可以很清晰地看到，从 2007 年到 2017 年，口岸截获检疫性有害生物种类从 151 种增加到 379 种，截获次数从 11 254 次增加到 104 994 次，一般性有害生物种类从 2460 种增加到 5577 种，截获次数从 163 534 次增加到 948 456 次。随着分子生物学在物种分类中的广泛应用，2007 年公布的 435 种 / 属检疫性有害生物名单中已有 10% 的学名发生了变化，其中真菌已有 30% 的学名发生了变化；国际上新发重大植物疫情不断发生，现行名单中部分有害生物在国内分布有一定变化。因此，有必要对现行进境植物检疫性有害生物名录进行修订并完善制修订流程（潘绪斌等，2015）。

　　名录制修订要在有害生物风险分析的基础上充分考虑外来有害生物与检疫性有害生物的关系，以及由此衍生的进境植物检疫性有害生物名录与农业检疫性有害生物名单、林业检疫性有害生物名单、中国自然生态系统外来入侵物种名单的联系。在具体制修订过程中，需重点关注进境名录是否依据"国内无分布"与"国内局部分布并处于官方防控"进行分类，列入进境名录的标准及与议定书的关系，部分贸易国疫情信息不全面，并综合考虑寄主范围、进入定殖为害可能性与生态系统影响的制修订评估方法，以及学术争议、鉴定错误、新旧名称、非中国种等技术难题。这就需要充分收集、整理国内外疫情资料并开展相应调研，同时组织并充分发挥海关、农业、林业、生态环境等相关行业专家的力量和智慧，通过专家研讨、层层评审等方式确保新的名单经得起时间的考验。

　　进境植物检疫性有害生物名录的修订工作任务预计非常繁重，因此在足额经费支持的前提下，高效组织就是关键。为使修订更加科学、合理，可以根据任务需要设置多个工作组。除了设置各生物类群工作组之外，还应该有总体工作组、名录修订方法工作组、效益评估组和秘书处。

　　1）总体工作组　　总体设计名录修订方案，确定并统一名录修订方法、原则和风险分析流程，提出备选检疫性有害生物名单，规范建议名单文档资料，组织协调各任务执行和掌控项目进度。召集海关、农业、林业、生态环境等相关行业专家开展讨论，综合汇编各任务进境检疫性有害生物建议名录。

　　2）名录修订方法工作组　　通过分析欧洲、美国、新西兰等发达国家和地区植物管制性、检疫性名录特点，总结国内外名录制修订方法及技术，提出可用于名录修订的技术路线与基于有害生物的风险分析方法。针对修订名录过程中存在的学术问题开展技术研讨：①外来有害生物相关理论、法规、国内外实践变化与检疫性有害生物制修订的关系与原则；②与农业检疫性有害生物名单、林业检疫性有害生物名单等的关系；③检疫性有害生物中非中国种的判定标准；④口岸植物疫情检出率、有害生物分布、国际贸易货物量等与检疫性有害生物制修订的关系与原则；⑤部分检疫性有害生物国内分布存疑、异名、错名等；⑥转基因产品与基因编辑技术等新的检疫问题及影响；⑦我国名录修订中检疫性有害生物的分类分级标准。

　　3）效益评估组　　研究世界各国植物检疫性有害生物名录修订规律，评估制修订名录对《国际植物保护公约》和《生物多样性公约》的履行能力，开展对健全国际国内植物检疫措施标准体系的影响及与周边国家和主要贸易国家经济往来的控制作用。评估 2007 版进境名录及修订建议名单发布后，对海关检疫工作（流程、抽制样、鉴定、处理等）带来的需求变化及应对办法，对风险分析、检测、监测、防控等方面存在的人才、技术、标本、试剂、仪器设备等配套问题进行系统预判。重点分析名录制修订对我国农林安全、生态安全、经济安全、社会安全等国家安全各领域的水平提升，对"一带一路"倡议、国际贸易与对外开放的支撑与调控作用，对生物安全国际共治、国际政治与国际关系等的影响，对全球外来入侵物种联防联控从而突出植物检疫在生物安全法中的地位和作用。

第八章 路 径

mīlle viae dūcunt hominēs per saecula Rōmam（条条大路通罗马）.

——Alain de Lille，*Liber Parabolarum*

有害生物要危害受威胁区域，必须先到达该区域，这就需要一定的路径（pathway）。植物或者昆虫有可能通过自然扩散的方式到达；病原微生物则通常需要一定的媒介。随着经济全球化，人类活动已超过自然传播成为有害生物扩散最主要的方式。有害生物要么是自身为人类所需或者侵染了人类所需的物品（特别是农产品），要么是附在交通工具、包装物等物品上随人类全球移动。因此国家植物保护机构在防控有害生物传入和扩散时，通常聚焦在货物、旅客携带物、邮寄物、运输工具、木包装、集装箱及自然扩散方式这些有害生物传播路径上。目前植物检疫工作也在加强对压载水、电子商务等路径的管控研究，还成立了 IPPC 污染性有害生物工作组（Contaminant Pest Working Group），专门关注"污染性有害生物"。

ISPM 第 5 号标准将"pathway"定义为"可使有害生物进入或扩散的任何方式"（any means that allows the entry or spread of a pest）；ISPM 第 11 号标准也明确提出了"从确定路径起始的 PRA"（PRA initiated by the identification of a pathway）。根据 NAPPO 的区域标准 RSPM 31《路径风险分析指南》（General Guidelines for Pathway Risk Analysis），路径风险分析（pathway risk analysis）是对有害生物传入和扩散的一种或者多种路径进行有害生物风险评估并选择风险管理方案的过程。图 8-1 是 RSPM 31 采用的有害生物传入扩散路径连续模型示意图，可以将整个传入扩散过程分解为相对独立的事件并加以分

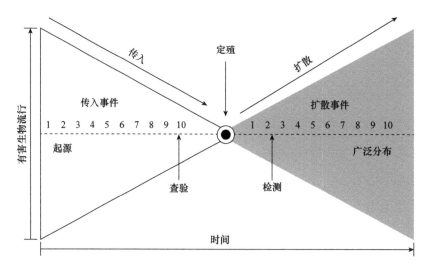

图 8-1 有害生物传入扩散路径连续模型示意图（Devorshak，2012）

析和管理（Devorshak，2012）。

　　EPPO 的 PM5/2（2）《进口货物发现有害生物的风险分析》（Pest Risk Analysis on Detection of A Pest in An Imported Consignment）针对货物查验中发现的有害生物提出了决策框架：有害生物确认（identify pest）、分析区域（the PRA area）、前期分析（earlier analysis）、地理标准（geographical criteria）、传入可能性（potential for introduction）、潜在经济重要性（potential economic importance）和管理选项（management options）。同样这一决策框架也可以借鉴应用到其他路径上。

第一节　货　　物

　　货物按照运输工具的不同可以分为空运货物、水运货物及陆运货物。货检，顾名思义，就是检查货物。检疫人员在实施现场检疫时，《进出境动植物检疫法实施条例》第二十二条规定"植物、植物产品：检查货物和包装物有无病虫害，并按照规定采取样品。发现病虫害并有扩散可能时，及时对该批货物、运输工具和装卸现场采取必要的防疫措施。对来自动物传染病疫区或者易带动物传染病和寄生虫病病原体并用作动物饲料的植物产品，同时实施动物检疫。"2012～2017 年，中国进境植物疫情截获数据表明货检截获的有害生物种类数和批次数占比最大（张静秋等，2015，2016；何佳遥等，2019a）。美国基于 1997～2001 年口岸截获数据库的数据，对冷藏海运、非冷藏海运、空运和美墨边境陆地运输 4 种货物运输路径进行分析，保守估计有 42 种外来昆虫经由这 4 条路径在美国定殖（Work et al.，2005）。

　　针对进出境植物和植物产品，依据 GB/T 20879—2007，以及 ISPM 第 11 号和第 21 号标准，按照三阶段开展有害生物风险分析：第一阶段重点是收集出口国种植、加工及有害生物管理情况，第二阶段是利用出口国提供的资料、CABI、中国国家有害生物检疫信息平台及文献，收集、整理管制性 / 检疫性有害生物的定义，对有害生物进行分类，从进入、定殖、扩散和损失 4 方面判断其风险大小并进行矩阵运算得到综合风险，将风险"中"及以上的有害生物确定为"关注的检疫性有害生物"，继而在第三阶段提出风险管理措施。

一、粮谷

　　根据海关总署 2020 年 1 月 14 日数据，2019 年全国进口谷物及谷物粉 1785.1 万吨，大豆 8851.1 万吨。在货检中，2003 年以来的数据表明粮谷类的植物疫情截获次数是最多的，主要截获的有害生物是假高粱、豚草、刺蒺藜草、锯齿大戟、三裂叶豚草、法国野燕麦、硬雀麦、黑高粱等有害植物。

　　针对进出境（含过境）粮食检验检疫，由海关总署按《进出境粮食检验检疫监督管理办法》的规定执行。海关总署会不定期公布最新的《我国允许进口粮食和植物源性饲料种类及输出国家 / 地区名录》（图 8-2，表 8-1）。

　　海关总署公告 2019 年第 35 号（《关于进口玻利维亚大豆植物检疫要求的公告》）规定，玻利维亚输华加工的大豆 [Glycine max（L.）Merr] 籽实中不得带有 24 种中方关注的检疫性有害生物。

图 8-2 船运大豆及查验

表 8-1 我国允许进口粮食和植物源性饲料种类及输出国家/地区名录（2020年5月）

类型	种类	已准入国家或地区
籽实类粮食油籽	大豆	加拿大、乌拉圭、俄罗斯、乌克兰、埃塞俄比亚、哈萨克斯坦、美国、巴西、阿根廷、玻利维亚、贝宁
	油菜籽	加拿大、澳大利亚、蒙古国、俄罗斯
	小麦	澳大利亚、加拿大、哈萨克斯坦、匈牙利、塞尔维亚、蒙古国、俄罗斯、法国、英国、美国、立陶宛
	玉米	泰国、老挝、阿根廷、俄罗斯、乌克兰、保加利亚、巴西、柬埔寨、南非、匈牙利、美国、秘鲁（限大玉米）、哈萨克斯坦、墨西哥、乌拉圭
	大麦	澳大利亚、加拿大、丹麦、阿根廷、蒙古国、乌克兰、芬兰、乌拉圭、英国、法国、哈萨克斯坦、俄罗斯、美国
	稻谷	俄罗斯
	饲用高粱	阿根廷、缅甸、美国、澳大利亚、尼日利亚
	饲用豌豆	比利时、波兰、法国、荷兰、匈牙利、英国、缅甸、日本、印度、越南、南非、马拉维、阿根廷、加拿大、美国、新西兰
	饲用燕麦	俄罗斯、芬兰、美国、澳大利亚、马来西亚、英国
块茎类粮食	木薯干（片）	柬埔寨、老挝、坦桑尼亚、加纳、马达加斯加、尼日利亚、泰国、印度尼西亚、越南
	马铃薯	美国
	甘薯	老挝
植物源饲料原料（粕渣麸糠类）	豆粕	韩国（发酵豆粕）、中国台湾（发酵膨化豆粕）、俄罗斯（粕/饼）、阿根廷
	菜籽粕	哈萨克斯坦、巴基斯坦、阿联酋、日本、埃塞俄比亚、澳大利亚、加拿大、印度、俄罗斯（粕/饼）、乌克兰（粕/饼）
	玉米酒糟粕	美国、保加利亚
	葵花籽粕	乌克兰、保加利亚、俄罗斯（粕/饼）
	花生粕	苏丹
	甜菜粕	乌克兰、美国、埃及、俄罗斯、白俄罗斯、德国

续表

类型	种类	已准入国家或地区
植物源饲料原料（粕渣麸糠类）	米糠粕（饼）	泰国
	棕榈仁粕	泰国（粕/饼）、印度尼西亚、马来西亚
	棕榈脂肪粉	印度尼西亚、马来西亚
	棉籽粕	坦桑尼亚（粕/壳）、巴西
	椰子粕	印度尼西亚、菲律宾
	辣椒粕	印度
	橄榄粕	西班牙
	扁桃壳颗粒	美国
	米糠	越南、美国、西班牙
	麦麸	哈萨克斯坦、蒙古国、法国、塞尔维亚、日本、马来西亚、新加坡、澳大利亚、印度尼西亚
	木薯渣	老挝、柬埔寨、泰国
	饲用小麦粉	哈萨克斯坦
	其他产品（深加工）	丹麦（大豆蛋白）、美国（过瘤蛋白）、英国（棕榈油）、法国（棕榈油）
饲草	苜蓿草	保加利亚、罗马尼亚、西班牙、哈萨克斯坦、苏丹、阿根廷、加拿大、美国、南非、意大利
	苜蓿干草块和颗粒	美国
	燕麦草	澳大利亚
	梯牧草	加拿大、美国
	天然饲草	蒙古国、立陶宛（青贮饲料）

资料来源：海关总署（http://dzs.customs.gov.cn/dzs/2747042/2753830/index.html）

二、水果

根据海关总署 2020 年 1 月 14 日数据，2019 年全国进口鲜、干水果及坚果 708.8 万吨。2003～2013 年数据表明，全国进境水果疫情截获的主要是昆虫和真菌（陈云芳等，2016）。截获次数比较多的有大洋臀纹粉蚧、新菠萝灰粉蚧、南洋臀纹粉蚧、橘小实蝇、番石榴果实蝇、拟长尾粉蚧、南亚实蝇、芒果象甲、瓜实蝇、芒果果核象甲、苹果绵蚜、苹果异形小卷蛾、双钩异翅长蠹、美澳型核果褐腐病菌、柑橘溃疡病菌。

针对水果的进出境，我国制定了《进境水果检验检疫监督管理办法》和《出境水果检验检疫监督管理办法》。海关总署会不定期公布最新的《获得我国检验检疫准入的新鲜水果种类及输出国家/地区名录》和《准予进口冷冻水果种类及输出国家地区名录》（图 8-3，表 8-2，表 8-3）。ISPM 第 31 号标准（Categorization of Commodities According to Their Pest Risk）附件 2 认为冷冻水果与蔬菜的有害生物风险极低，推荐不作检疫管控。

图 8-3　边贸水果及查验

表 8-2　获得我国检验检疫准入的新鲜水果种类及输出国家／地区名录（2020 年 5 月）

分布	输出国家／地区	水果种类
亚洲	巴基斯坦	芒果（*Mangifera indica*；Mango）、柑橘类［橘（*Citrus reticulata*；Mandarin）、橙（*Citrus sinensis*；Orange）］
	朝鲜	蓝靛果（*Lonicera caerulea* L. var. *edulis* Turcz. ex Herd.；Sweetberry honeysuckle）、越橘（*Vaccinium* sp.；Lingonberry）（仅限加工使用）
	菲律宾	菠萝（*Ananas comosus*；Pineapple）、香蕉（*Musa* sp.；Banana）、芒果（*Mangifera indica*；Mango）、番木瓜（*Carica papaya*；Papaya）、椰子（*Cocos nucifera* L.；Fresh young coconut）、鳄梨（*Persea americana* Mills.；Avocado）
	韩国	葡萄（*Vitis vinifera*；Grape）
	吉尔吉斯斯坦	樱桃（*Prunus avium*；Cherry）、甜瓜（*Cucumis melo*；Melon）
	柬埔寨	香蕉（*Musa supientum*；Banana）
	老挝	香蕉（*Musa supientum*；Banana）、西瓜（*Citrullus lanatus*；Watermelon）
	马来西亚	龙眼（*Dimocarpus longan*；Longan）、山竹（*Garcinia mangostana*；Mangosteen）、荔枝（*Litchi chinensis*；Litchi）、椰子（*Cocos nucifera*；Coconut）、西瓜（*Citrullus lanatus*；Watermelon）、木瓜（*Chaenomeles sinensis*；Pawpaw）、红毛丹（*Nephelium lappaceum*；Rambutan）、菠萝（*Ananas comosus*；Pineapple）
	缅甸	龙眼（*Dimocarpus longan*；Longan）、山竹（*Garcinia mangostana*；Mangosteen）、红毛丹（*Nephelium lappaceum*；Rambutan）、荔枝（*Litchi chinensis*；Litchi）、芒果（*Mangifera indica*；Mango）、西瓜（*Citrullus lanatus*；Watermelon）、甜瓜（*Cucumis melo*；Melon）、毛叶枣（*Zizyphus mauritiana*；Indian jujube）
	日本	苹果（*Malus domestica*；Apple）、梨（*Pyrus pyrifolia*；Pear）
	斯里兰卡	香蕉（*Musa supientum*；Banana）
	塔吉克斯坦	樱桃（*Prunus avium*；Cherry）、柠檬（*Citrus limon*；Lemon）
	泰国	罗望子（*Tamarindus indica*；Tamarind）、番荔枝（*Annona squamosa*；Sugarapple）、番木瓜（*Carica papaya*；Papaya）、杨桃（*Averrhoa carambola*；Carambola）、番石榴（*Psidium guajava*；Guava）、红毛丹（*Nephelium lappaceum*；Rambutan）莲雾（*Syzygium samarangense*；Rose apple）、菠萝蜜（*Artocarpus heterophyllus*；Jackfruit）、椰色果（*Lansium parasiticum*；Long kong）、菠萝（*Ananas comosus*；Pineapple）、人心果（*Manilkara zapota*；Sapodilla）、香蕉（*Musa* sp.；Banana）、西番莲（*Passiflora caerulea*；Passion fruit）、椰子（*Cocos nucifera*；Coconut）、龙眼（*Dimocarpus longan*；Longan）、榴莲（*Durio zibethinus*；Durian）、芒果（*Mangifera indica*；Mango）、荔枝（*Litchi chinensis*；Litchi）、山竹（*Garcinia mangostana*；Mangosteen）、柑橘［橘（*Citrus reticulata*；Mandarin）、橙（*Citrus sinensis*；Orange）、柚（*Citrus maxima*；Pomelo）］

续表

分布	输出国家 / 地区	水果种类
亚洲	土耳其	樱桃（*Prunus avium*；Cherry）
	文莱	甜瓜（*Cucumis melo*；Melon）
	乌兹别克斯坦	樱桃（*Prunus avium*；Cherry）、甜瓜（*Cucumis melo*；Melon）
	以色列	柑橘｜橙（*Citrus sinensis*；Orange）、柚［*Citrus maxima*；Pomelo（＝*Citrus grandis*，议定书异名）］、橘（*Citrus reticulata*；Mandarin）、柠檬（*Citrus limon*；Lemon）、葡萄柚［*Citrus paradisi*；Grapefruit（＝*Citrus paradise*，议定书异名）］｜（均为试进口）
	印度	芒果（*Mangifera indica*；Mango）、葡萄（*Vitis vinifera*；Grape）
	印度尼西亚	香蕉（*Musa nana*；Banana）、龙眼（*Dimocarpus longan*；Longan）、山竹（*Garcinia mangostana*；Mangosteen）、蛇皮果（*Salacca zalacca*；Salacca）
	越南	芒果（*Mangifera indica*；Mango）、龙眼（*Dimocarpus longan*；longan）、香蕉（*Musa* sp.；Banana）、荔枝（*Litchi chinensis*；Litchi）、西瓜（*Citrullus lanatus*；Watermelon）、红毛丹（*Nephelium lappaceum*；Rambutan）、菠萝蜜（*Artocarpus heterophyllus*；Jackfruit）、火龙果（*Hylocereus undulatus*；Dragon Fruit/Pitahaya/Pitaya）、山竹（*Garcinia mangostana*；Mangosteen）
	中国台湾	菠萝（*Ananas comosus*；Pineapple）、香蕉（*Musa* sp.；Banana）、椰子（*Cocos nucifera*；Coconut）、番荔枝（*Annona squamosa*；Sugar apple，Sweet sop，*Annona cherimola* × *Annona squamosa*；Atemoya）、木瓜（*Chaenomeles sinensis*；Pawpaw）、番木瓜（*Carica papaya*；Papaya）、杨桃（*Averrhoa carambola*；Fruit of Carambola）、芒果（*Mangifera indica*；Mango）、番石榴（*Psidium guajava*；Guava）、莲雾（*Syzygium samarangense*；Rose apple）、槟榔（*Areca catechu*；Betel nut）、李（*Prunus salicina*；Plum）、枇杷（*Eriobotrya japonica*；Loguat）、柿子（*Diospyros kaki*；Persimmon）、桃（*Prunus persica*；Peach）、毛叶枣（*Zizyphus mauritiana*；Indian jujube）、梅（*Prunus mume*；Japanese apricot，Mei）、火龙果（*Hylocereus undulatus*、*Hylocereus polyrhizus*、*Hylocereus costaricensis*；Dragon Fruit/Pitahaya/Pitaya）、哈密瓜（*Cucunmis melo*；Melon，Cantaloupe）、梨（*Pyrus pyrifolia*；Pear）、葡萄（*Vitis vinifera*、*Vitis labrusca* 及其杂交种，主要是巨峰葡萄 *Vitis vinifera*×*Vitis labruscana* Bailey cv. 'Kyoho'；Grape）、柑橘［橘（*Citrus reticulata*；Mandarin）及其杂交种、柚（*Citrus maxima*；Pomelo）、葡萄柚（*Citrus paradisi*；Grapefruit）、柠檬（*Citrus limon*；Lemon）、橙（*Citrus sinensis*；Orange）］
非洲	埃及	柑橘类（*Citrus* spp.）、葡萄（*Vitis vinifera*；Grape）、椰枣（*Phoenix dactylifera*；Dates palm）
	摩洛哥	柑橘［橙（*Citrus sinensis*；Orange）、橘（*Citrus reticulata*；Mandarin）、克里曼丁橘（*Citrus clementina*；Clementine）、葡萄柚（*Citrus paradisi*；Grapefruit）］
	南非	柑橘［橘（*Citrus reticulata*；Mandarin）、橙（*Citrus sinensis*；Orange）、葡萄柚（*Citrus paradisi*；Grapefruit）、柠檬（*Citrus limon*；Lemon）］、葡萄（*Vitis vinifera*；Grape）、苹果（*Malus domestica*；Apple）
欧洲	比利时	梨（*Pyrus communis*；Pear）
	波兰	苹果（*Malus domestica*；Apple）
	法国	苹果（*Malus domestica*；Apple）、猕猴桃（*Actinidia chinensis*，*Actinidia deliciosa*；Kiwi fruit）
	荷兰	梨（*Pyrus communis*；Pear）
	葡萄牙	葡萄（*Vitis vinifera*；Grape）
	塞浦路斯	柑橘［橙（*Citrus sinensis*；Orange）、柠檬（*Citrus limon*；Lemon）、葡萄柚（*Citrus paradisi*；Grapefruit）、橘橙（*Citrus sinensis*×*Citrus reticulata*；Mandora）］

续表

分布	输出国家/地区	水果种类
欧洲	西班牙	柑橘 [橘（*Citrus reticulata*；Mandarin）、橙（*Citrus sinensis*；Orange）、葡萄柚（*Citrus paradisi*；Grapefruit）、柠檬（*Citrus limon*；Lemon）]、桃（*Prunus persica*；Peach）、李（*Prunus salicina*，*Prunus domoestica*；Plum）、葡萄（*Vitis vinifera*；Grape）
	希腊	猕猴桃（*Actinidia chinensis*、*Actinidia deliciosa*；Kiwi fruit）
	意大利	猕猴桃（*Actinidia chinensis*，*Actinidia deliciosa*；Kiwi fruit）；柑橘 [橙（*Citrus sinensis* cv. 'Tarocco'，cv. 'Sanguinello'，cv. 'Moro'；Orange）、柠檬（*Citrus limon* cv. 'Femminello comune'；Lemon）]
北美洲	巴拿马	香蕉（*Musa* sp.；Banana）、菠萝（*Ananas comosus*；Pineapple）
	哥斯达黎加	香蕉（*Musa* sp.；Banana）、菠萝（*Ananas comosus*；Pineapple）
	加拿大	樱桃（*Prunus avium*；Cherry；不列颠哥伦比亚省）、蓝莓（*Vaccinium* sp.；Blueberry；不列颠哥伦比亚省）
	美国	李（*Prunus salicina*、*Prunus domestica*；Plum；加利福尼亚州）、樱桃（*Prunus avium*；Cherry；华盛顿州、俄勒冈州、加利福尼亚州、爱达荷州）、葡萄（*Vitis vinifera*；Grape；加利福尼亚州）、苹果（*Malus domestica*；Apple）、柑橘类（*Citrus* sp.；加利福尼亚州、佛罗里达州、亚利桑那州、得克萨斯州）、梨（*Pyrus communis*；Pear；加利福尼亚州、华盛顿州、俄勒冈州）、草莓（*Fragaria ananassa*；Strawberry；加利福尼亚州）、油桃（*Prunus persica* var. *nucipersica*；Nectarine；加利福尼亚州）、鳄梨（*Persea americana*；Avocado；加利福尼亚州）、蓝莓（*Vaccinium corymbosum*、*V. virgatum* 及其杂交种；Blueberry）
	墨西哥	鳄梨（*Persea americana* cv. 'Hass'；Avocado）、葡萄（*Vitis vinifera*；Grape）、黑莓（*Rubus ulmifo-lius*；Blackberry）和树莓（*Rubus idaeus*；Raspberry）、蓝莓（*Vaccinium* sp.；Blueberry）、香蕉（*Musa* sp.；Banana）
南美洲	阿根廷	柑橘 [橙（*Citrus sinensis*；Orange）、葡萄柚（*Citrus paradisi*；Grapefruit）、橘（*Citrus reticulata*；Mandarin）及其杂交种、柠檬（*Citrus limon*；Lemon）]、苹果（*Malus domestica*；Apple）、梨（*Pyrus communis*；Pear）、蓝莓（*Vaccinium* sp.；Blueberry）、樱桃（*Prunus avium*；Cherry）、葡萄（*Vitis vinifera*；Table grape）
	巴西	甜瓜（*Cucumis melo*；Melon）
	秘鲁	葡萄（*Vitis vinifera*；Grape）、芒果（*Mangifera indica*；Mango）、柑橘 {葡萄柚 [*Citrus paradisi*；Grapefruit（=*Citrus×paradisii*，议定书异名）]、橘 [*Citrus reticulata*；Mandarin（=*Citrus reticulate*，议定书异名）] 及其杂交种，橙（*Citrus sinensis*），莱檬（*Citrus aurantifolia*）和塔西提莱檬（*Citrus latifolia*)}、鳄梨（*Persea americana*；Avocado）、蓝莓（*Vaccinium* sp.；Blueberry）
	厄瓜多尔	香蕉（*Musa* sp.；Banana）、芒果（*Mangifera indica*；Mango）
	哥伦比亚	香蕉（*Musa* sp.；Banana）、鳄梨（*Persea americana*；Avocado）
	乌拉圭	柑橘类（*Citrus* sp.，柠檬除外）、蓝莓（*Vaccinium* sp.；Blueberry）
	智利	猕猴桃（*Actinidia chinensis*、*Actinidia deliciosa*；Kiwi fruit）、苹果（*Malus domestica*；Apple）、葡萄（*Vitis vinifera*；Grape）、李（*Prunus salicina*，*Prunus domoestica*；Plum）、樱桃（*Prunus avium*；Cherry）、蓝莓（*Vaccinium* sp.；Blueberry）、鳄梨（*Persea americana*；Avocado）、油桃（*Prunus persica* var. *nectarine*；Nectarine）、梨（*Pyrus communis*；Pear）、柑橘 [橘（*Citrus reticulata*；Mandarin）及其杂交种、葡萄柚（*Citrus paradisi*；Grapefruit）、橙（*Citrus sinensis*；Orange）和柠檬（*Citrus limon*；Lemon）]

续表

分布	输出国家/地区	水果种类
大洋洲	澳大利亚	柑橘［橙（*Citrus sinensis*；Orange）、橘（*Citrus reticulata*；Mandarin）、柠檬（*Citrus limon*；Lemon）、葡萄柚（*Citrus paradisi*；Grapefruit）、酸橙（*Citrus aurantifolia*、*Citrus latifolia*、*Citrus limonia*；Lime）、橘柚（*Citrus tangelo*）、甜葡萄柚（*Citrus grandis* × *Citrus paradisi*）]、芒果（*Mangifera indica*；Mango）、苹果（*Malus domestica*；Apple，塔斯马尼亚州）、葡萄（*Vitis vinifera*；Grape）、樱桃（*Prunus avium*；Cherry）、核果［油桃（*Prunus persica* var. *nectarine*；Nectarine）、桃（*Prunus persica*；Peach）、李（*Prunus domestica*、*Prunus salicina*；Plum）、杏（*Prunus armeniaca*；Apricot）]
	新西兰	柑橘［橘（*Citrus reticulata*、*Citrus deliciosa*、*Citrus unshiu*；Mandarin）、橙（*Citrus sinensis*；Orange）、柠檬（*Citrus limon*、*Citrus meyeri*；Lemon）]、苹果（*Malus domestica*；Apple）、樱桃（*Prunus avium*；Cherry）、葡萄（*Vitis vinifera*；Grape）、猕猴桃（*Actinidia chinensis*、*Actinidia deliciosa*、*Actinidia deliciosa* × *Actinidia chinensis*；Kiwi fruit）、李（*Prunus salicina*、*Prunus domestica*；Plum）、梨（*Pyrus pyrifolia*、*Pyrus communis*；Pear）、梅（*Prunus mume*；Japanese apricot, Mei）、柿子（*Diospyros kaki*；Persimmon）、鳄梨（*Persea americana*；Avocado）]

资料来源：海关总署（http://dzs.customs.gov.cn/dzs/2746776/3062131/index.html）

表 8-3 准予进口冷冻水果种类及输出国家地区名录（2020 年 5 月）

冷冻水果种类	输出国家/地区
冷冻草莓	美国、墨西哥、阿根廷、秘鲁、智利、埃及、摩洛哥、突尼斯、法国、波兰
冷冻穗醋栗	新西兰、法国、波兰
冷冻黑莓	智利、墨西哥
冷冻桑葚	法国、英国
冷冻木莓	塞尔维亚、墨西哥
冷冻榴莲	马来西亚、泰国
冷冻柠檬	越南
冷冻无花果	法国
冷冻樱桃	波兰、美国
冷冻蓝莓	爱沙尼亚、白俄罗斯、拉脱维亚、俄罗斯、法国、立陶宛、乌克兰、瑞典、芬兰、美国、加拿大、智利、阿根廷
冷冻越橘	爱沙尼亚、白俄罗斯、俄罗斯、法国、芬兰、拉脱维亚、瑞典、乌克兰、罗马尼亚
冷冻蔓越莓	美国、加拿大
冷冻香蕉	厄瓜多尔、菲律宾
冷冻芒果	菲律宾
冷冻菠萝	菲律宾
冷冻鳄梨	肯尼亚

资料来源：海关总署（http://dzs.customs.gov.cn/dzs/2746776/3062131/index.html）

海关总署公告 2020 年第 3 号（《关于进口阿根廷鲜食柑橘植物检疫要求的公告》）规定，阿根廷输华鲜食柑橘［橘及其杂交种（*Citrus reticulata* and its hybrids）、橙（*Citrus sinensis*）、葡萄柚（*Citrus paradisi*）及柠檬（*Citrus limon*）]中不得带有 10 种中方关注的检疫性有害植物。

三、木材

根据海关总署 2020 年 1 月 14 日数据，2019 年全国进口原木及锯材 9693.5 万立方米（图 8-4）。2005～2015 年数据表明全国进口原木截获的有害生物主要是昆虫类（刘玮琦等，2016）。截获次数比较多的有云杉八齿小蠹、稀毛乳白蚁、长林小蠹、橡胶材小蠹、中对长小蠹、南部松齿小蠹、红火蚁、希氏长小蠹、红腹尼虎天牛、短体长小蠹、黄杉大小蠹、非洲乳白蚁、赤材小蠹、欧桦小蠹、双钩异翅长蠹、兴慈长小蠹、美雕齿小蠹。

图 8-4　陆运木材

原国家质量监督检验检疫总局（《关于印发〈加拿大 BC 省原木进境植物检疫要求〉的通知》）规定，加拿大不列颠哥伦比亚省（British Columbia）输华原木中不得带有 35 种中方关注的检疫性有害生物。

第二节　旅客携带物

根据国家移民管理局 2020 年 1 月 4 日数据，2019 年我国边检机关检查出入境人员 6.7 亿人次。基于美国口岸 17 年来截获外来植物有害生物的研究发现，约 62% 的有害生物来源于旅客行李，73% 的截获地点是在机场（McCullough et al.，2006）。2003～2017 年数据表明，全国旅客携带物疫情截获呈逐年递增趋势（何佳遥等，2019b）。截获次数比较多的有害生物有四纹豆象、橘小实蝇、大洋臀纹粉蚧、辣椒实蝇、鹰嘴豆象、新菠萝灰粉蚧、南洋臀纹粉蚧、芒果象甲、咖啡果小蠹。

旅检涉及的管理规定包括《出入境人员携带物检疫管理办法》和《中华人民共和国禁止携带、邮寄进境的动植物及其产品名录》。《出入境人员携带物检疫管理办法》第四条规定"出入境人员携带下列物品，应当向海关申报并接受检疫：（一）入境动植物、动植物产品和其他检疫物；（二）出入境生物物种资源、濒危野生动植物及其产品；（三）出境的国家重点保护的野生动植物及其产品；（四）出入境的微生物、人体组织、生物制品、血液及血液制品等特殊物品（以下简称'特殊物品'）；（五）出入境的尸体、骸骨等；（六）来自疫区、被传染病污染或者可能传播传染病的出入境的行李和物品；（七）其他应当向海关申报并接受检疫的携带物"，第五条规定"出入境人员禁止携带下列物品进境：（一）动植物病原体（包括菌种、毒种等）、害虫及其他有害生物；（二）动植物疫情流行的国家或者地区的有关动植物、动植物产品和其他检疫物；（三）动物尸体；（四）土壤；（五）《中华人民共和国禁止携带、邮寄进境的动植物及其产品名录》所列各物；（六）国家规定禁止进境的废旧物品、放射性物质以及其他禁止进境物。"

2017年上海出入境检验检疫部门制定了《上海口岸旅邮检信用信息归集和使用管理办法（试行）》，规定故意瞒报、谎报、藏匿禁止进境物被依法查获者，一年内有两次以上携带、邮寄禁止进境物被依法查获者等，将不仅会受到上海出入境检验检疫部门的按规处罚，还会被录入上海市公共信用信息服务平台。2018年，一位从巴黎飞往美国的旅客因为携带航班上提供的一个苹果入境被美国国土安全部处罚500美元。各国大使馆官方网站、航班途中均可查询到各国入境检疫要求。进境时有可能有X射线机、CT机和检疫犬进行查验（图8-5）。

图 8-5　旅客携带物检疫
A. 北京首都国际机场；B. 东京国际机场

第三节　邮　寄　物

根据国家邮政局2020年1月14日数据，2019年我国快递服务企业业务量中国际/港澳台业务量累计完成14.4亿件。2008～2017年数据表明，全国进境邮寄物疫情截获整体呈逐年递增趋势（王聪等，2019）。截获较多的有害生物有咖啡果小蠹、四纹豆象、豚草、鹰嘴豆象、小麦印度腥黑穗病菌、菜豆象、腐烂茎线虫、法国野燕麦、假高粱、硬雀麦。值得一提的是薰衣草小熊，这是一款填充薰衣草干花和小麦的玩具小熊，因其携带种子，易携带昆虫和病原体，2014年国家质检总局发布警示通报明令禁止薰衣草小熊（图8-6B）入境。

邮检涉及的管理规定包括《进出境邮寄物检疫管理办法》《出入境快件检验检疫管理办法》和《中华人民共和国禁止携带、邮寄进境的动植物及其产品名录》。《进出境邮寄物检疫管理办法》（国质检联〔2001〕34号）第三条规定"本办法所称邮寄物是指通过邮政寄递的下列物品：（一）进境的动植物、动植物产品及其他检疫物；（二）进出境

图 8-6　邮检截获物

A. 口岸邮寄物截获；B. 薰衣草小熊

的微生物、人体组织、生物制品、血液及其制品等特殊物品；（三）来自疫区的、被检疫传染病污染的或者可能成为检疫传染病传播媒介的邮包；（四）进境邮寄物所使用或携带的植物性包装物、铺垫材料；（五）其他法律法规、国际条约规定需要实施检疫的进出境邮寄物。"

《出入境快件检验检疫管理办法》（国家质量监督检验检疫总局令第 3 号）第十四条规定"快件运营人在申请办理出入境快件报检时，应提供报检单、总运单、每一快件的分运单、发票等有关单证。属于下列情形之一的，还应向检验检疫机构提供有关文件：（一）输入动物、动物产品、植物种子、种苗及其他繁殖材料的，应提供相应的检疫审批许可证和检疫证明；（二）因科研等特殊需要，输入禁止进境物的，应提供国家质检总局签发的特许审批证明；（三）属于微生物、人体组织、生物制品、血液及其制品等特殊物品的，应提供有关部门的审批文件；（四）属于实施进口安全质量许可制度、出口质量许可证制度和卫生注册登记制度管理的，应提供有关证明。"

第四节　运 输 工 具

运输工具也有可能携带有害生物。2005～2017 年全国进境口岸运输工具检疫截获红火蚁 434 次，仅次于货检、集装箱检疫和木质包装检疫（冼晓青等，2019）。1992 年，原动植物检疫总所还印发了《进境运输工具植物检疫疫区（暂行）名单》，列举了 6 种最容易通过运输工具传播的危险病虫害，包括美国白蛾、谷斑皮蠹、地中海实蝇、马铃薯金线虫、非洲大蜗牛和马铃薯甲虫。

《关于调整水空运进出境运输工具监管相关事项的公告》（海关总署公告 2018 年第127 号）第三项规定"对于需实施运输工具登临检查的，海关在接收运输工具动态和申报单电子数据后，以电子指令形式向运输工具负责人下达运输工具登临检查通知。运输工具负责人应当根据海关要求，配合海关对运输工具实施检查、检验、检疫；对因前置作业要求等原因，海关需要指定地点（锚地、泊位、机坪、机位等）登临检查的，运输工具负责人应当将运输工具停泊在指定地点"（图 8-7）。

图 8-7　运输工具检疫

第五节　木 质 包 装

ISPM 第 15 号标准是《国际贸易中木质包装材料管理》（Regulation of Wood Packaging Material in International Trade）。因为木质包装材料潜在的有害生物风险，根据情况需要进行传统蒸汽或烘干加热处理（heat treatment using a conventional steam or dry kiln heat chamker，HT）、介电加热处理（heat treatment using dielectric heating，DH）、溴甲烷熏蒸处理（methyl bromide treatment，MB）、硫酰氟熏蒸处理（sulphuryl fluoride treatment，SF）并加以标记（图 8-8）。2019 年，大连海关在美国货物的木质包装里发现了松材线虫（该包装已印有 IPPC 规定的表明已经过除害处理的专用标识）。美国依据 1985～2000 年口岸截获鞘翅目昆虫的数据，对种属数量、来源国家、截获口岸作了详细分析，发现截获数量与进口货物价值及木质包装有较大联系（Haack，2001）。我国 1985～2006 年从国外木质包装材料上截获的主要是昆虫和线虫（王益愚，2007）。截获次数较多的有四纹豆象、红火蚁、双钩异翅长蠹、豚草、三裂叶豚草、硬雀麦、假高粱、橘小实蝇、巴西豆象、刺蒺藜草、刺苍耳、菟丝子、中对长小蠹、法国野燕麦、非洲大蜗牛、咖啡果小蠹。

图 8-8　木质包装熏蒸（左）及除害处理标识（右）（天津海关楼旭日供图）

《进境货物木质包装检疫监督管理办法》（海关总署令 2018 年第 238 号令修正）第五条规定"进境货物使用木质包装的，货主或者其代理人应当向海关报检。海关按照以下情况处理：（一）对已加施 IPPC 专用标识的木质包装，按规定抽查检疫，未发现活的有害生物的，立即予以放行；发现活的有害生物的，监督货主或者其代理人对木质包装进行除害处理。（二）对未加施 IPPC 专用标识的木质包装，在海关监督下对木质包装进行除害处理或者销毁处理。（三）对报检时不能确定木质包装是否加施 IPPC 专用标识的，海关按规定抽查检疫。经抽查确认木质包装加施了 IPPC 专用标识，且未发现活的有害生物的，予以放行；发现活的有害生物的，监督货主或者其代理人对木质包装进行除害处理；经抽查发现木质包装未加施 IPPC 专用标识的，对木质包装进行除害处理或者销毁处理。"《出境货物木质包装检疫处理管理办法》（海关总署令第 240 号修正）第四条规定"出境货物木质包装应当按照《出境货物木质包装除害处理方法》列明的检疫除害处理方法实施处理，并按照《出境货物木质包装除害处理标识要求》的要求加施专用标识。"

第六节　集　装　箱

集装箱（container）是当前跨境物流的重要载体，容易残留土壤、种子等杂物。2010～2017 年进境集装箱空箱植物疫情截获的有害生物主要是昆虫和植物（顾光昊等，2019）。汕头海关曾在集装箱里发现过红火蚁（图 8-9）。为了控制海运集装箱的有害生物，IPPC 成立了海运集装箱工作组（Sea Containers Task Force），提出通过清洁海运集装箱来降低有害生物传播风险。

图 8-9　集装箱检疫

《进出境集装箱检验检疫管理办法（2018 年第一次修正）》（海关总署令 2018 年第 238 号修正）第六条规定"进境集装箱应按有关规定实施下列检验检疫：（一）所有进境集装箱应实施卫生检疫；（二）来自动植物疫区的，装载动植物、动植物产品和其他检验检疫物的，以及箱内带有植物性包装物或辅垫材料的集装箱，应实施动植物检疫；（三）法律、行政法规、国际条约规定或者贸易合同约定的其他应当实施检验检疫的集装箱，按有关规定、约定实施检验检疫。"

第七节　自　然　扩　散

　　自然扩散是有害生物包括检疫性有害生物扩散的重要途径，并且随着人类活动的不断加剧，自然扩散与人类活动的交织更为密切。如果植物检疫不涵盖自然扩散这一途径，是无法有效防控有害生物的全球扩散。ISPM 第 11 号标准《检疫性有害生物风险分析》（Pest Risk Analysis for Quarantine Pests）明确提出，无论基于有害生物还是基于传播途径的风险分析，均应考虑自然扩散。

　　红火蚁长距离传播主要依靠植物（原木、草皮、花卉苗木）、包装、运输工具等，但是到达新地区后就转入自然扩散模式（陆永跃等，2019；董瀛谦等，2019）。根据2019 年印发的《全国农业植物检疫性有害生物分布行政区名录》，红火蚁已经扩散到我国 12 个省（自治区、直辖市）378 个县（区、市）。因此针对红火蚁的管理，需要内外检通力合作，既要严格进境和国内调运检疫，减少繁殖体压力，又要充分采用无人机等新技术，对新发生地及时发现并快速根除（图 8-10）。

图 8-10　红火蚁蚁巢无人机监测

　　我们要特别关注境外有害生物通过自然扩散进入我国，入侵我国西南地区的紫茎泽兰和草地贪夜蛾、东北地区的马铃薯甲虫和苹果蠹蛾就是现实的案例。尤其值得注意的是新疆，其是祖国的西大门，是连接中国内地和中亚、南亚等邻近国家的通道和走廊。新疆的外来植物有害生物分布种类多、危害严重并极具区域特点，加上丰富的自然地理和气候条件，是研究外来有害生物自然扩散的极佳地区。20 世纪 70 年代，新疆发生的外来检疫性有害生物仅 2 种，而到了 2013 年就增加到 15 种，特别是马铃薯甲虫、苹果蠹蛾、黑森瘿蚊、小麦一号病、向日葵白锈病和苜蓿黄萎病，均是在国内首次发现。另外，根据 2010 年的调查，新疆现有的入侵植物仅 40 种（全国共 265 种），入侵动物仅39 种（全国共 170 种），仍然具有极大的被入侵空间。与中国新疆邻近的中亚、南亚等地区，往往有害生物本底不清，植物疫情信息更是一直不透明，具有有害生物入侵中国的隐患。新疆作为欧亚大陆东西两端经济发展的枢纽，随着"丝绸之路经济带"建设的不断推进，在经贸流通、人员往来大幅增长的形势下，其既要防控境外有害生物传入新疆进而扩散到内地，又要防止内地有害生物传入新疆及中国相邻国家，具有特殊的国土生物安全意义。因此有必要进一步深入了解周边国家植物检疫相关法律法规和详细搜集植物有害生物发生信息，整合周边国家有害生物分布—口岸疫情截获和监测—新疆及周边省份数据，结合入侵生物学和大数据挖掘理论和技术，获得相关有害生物传入扩散特点，并以此预测其他国家的外来有害生物传入中国新疆及内地，以及有害生物从中国新疆及内地传出到邻近国家的可能性，并尽早建立预警机制和外来有害生物跨境风险精准评估体系。

第九章 管 理

管理，就是聪明人使笨力气。

——文小芒，《忙总管理笔记：企业运营实战案例》

针对特定空间的有害生物进入、定殖和损失的风险摸清了，那么下一步就是如何管理它。如果是近乎"零"风险，那么可以不采取管理措施；如果是较低风险可以接受，可以采取一些低强度、低成本的通用措施，适当控制。对于中高风险的有害生物怎么办？一种是"零容忍"（0 tolerance），意味着严防死守，代价是流通大幅缩减、经济成本提高；另一种是"适当保护水平"（appropriate level of protection，ALOP），在潜在损失和管控成本之间进行权衡。

这种"可接受的风险水平"和"适当保护水平"是与应对有害生物区域的脆弱性及风险管理能力相对应的。换言之，即使是对于同一种有害生物，不同地区的管理策略也是不一样的：有些地区可能该有害生物广泛分布，那就不能把该有害生物作为检疫性有害生物对待；有些地区因为检疫处理能力强，就可以进口携带该有害生物的货物；有些地区缺乏相应的管控能力，就采取不进口携带该有害生物的货物的方式。因而加强植物检疫风险管理能力建设，就能提高该国家或者地区的抗有害生物风险能力，同时也就提高了其 ALOP，正如我们有了高等级生物安全实验室就能开展更高生物安全等级的有害生物研究一样。

第一节 风险管理概述

有害生物风险管理的关键是对管制性有害生物采取针对性的对策和措施。如果针对该管制性有害生物没有经济可行的办法，那么切断传播途径是最佳选择；如果该管制性有害生物有经济可行的办法，那么就要对备选管理方案进行选择，在成本和成效之间进行权衡。采用有害生物 - 植物相互关系和全流程分析将会使风险管理更有理论支撑。

一、原则

风险管理的对策与措施作为植物检疫体系的一部分，同样需要符合"技术合理""透明""无不合理歧视"等一系列原则。根据 GB/T 20879—2007，风险管理时需要遵循"低成本高效益""最小影响""等效""非歧视"原则。根据 ISPM 第 5 号标准，无论是针对管制的非检疫性有害生物还是检疫性有害生物，管理都是对降低特定风险的方案进行评价和选择。

根据 ISPM 第 2 号标准，如果有害生物风险可接受或者植物卫生措施不可行（如自然扩散），那么就可以不采用植物卫生措施。即便在这种情况下，也应该采取一定的监测或者审核行动来确定风险是否发生变化。有害生物风险管理阶段的结论是明确是否存在将有害生物风险降低到可接受水平的有效可行的植物卫生措施。

二、框架

因为有害生物在空间上的传入扩散是进入 - 定殖的迭代过程，因此可采用全流程管理的方式。考虑到在不同传入扩散阶段，针对不同的管理对象采取不同的措施，需要平衡其效果和成本，因此需综合评估出关键控制点，从而在这些阶段重点介入，达到实现目标的最小代价。GB/T 20879—2007 针对检疫性有害生物风险管理措施建议可以采取针对植物和植物产品、预防或减少植物感染的、确保生产地区产地或者生产点无有害生物及其他措施，针对管制的非检疫性有害生物风险管理措施建议可以采取分别要求产区、产地、对种植用植物的亲本材料和针对种植用植物货物本身采取的措施。

风险管理也可以使用管理科学常用的手段与方法。作为过程管理的主要执行流程和方法，PDCA［plan（计划）、do（执行）、check（检查）、action（行动）］循环（又称为戴明环）是一种基于过程工作的最基础、最简单的算法，也是能使一项活动有效运行的合乎逻辑的工作程序（文小芒，2014）。

危害分析和关键控制点（hazard analysis and critical control point，HACCP）在食品安全领域得到了广泛应用。考虑到植物源性食品安全与植物检疫的天然联系，因此也可以将危害分析和关键控制点方法根据检疫实际需求应用到有害生物风险分析流程，更好地为植物检疫工作服务，这在 ISPM 第 14 号标准及其对应的国标 GB/T 27617—2011 中也有所体现。

三、植物检疫要求

在有害生物空间传入扩散过程中，有害生物风险管理应该贯穿整个植物及植物产品生产和流通全供应流程。其中生产过程包括繁殖材料准备—运输—田间—收获等阶段，流通过程则包括运输—加工（包装）—运输等阶段，而某些风险管理措施如熏蒸也有可能成为整个过程的某个阶段，而某些风险管理方案则可能在某个阶段上实施而不独立成为某个阶段。

北美植物保护组织（NAPPO）的第 40 号植物卫生措施区域标准《进境商品有害生物风险管理原则》（Principles of Pest Risk Management for the Import of Commodities）对进境商品存在的有害生物风险措施进行了分类，包括查验 / 检查（inspection / examination）、证书（certification）、处理（treatment）、收集记录与监测（surveillance and monitoring）、卫生（sanitation）、非疫概念（pest-free concept）、进境后措施（post-entry measure）、系统方法（systems approache）、禁止（prohibition）。

GB /T 20879—2007 提出有害生物风险管理措施要注重系统方法、综合利用各种措施。ISPM 第 14 号标准及 GB/T 27617—2011 提供了制定和评价系统综合措施的准则，可以分为种植前、收获前、收获、收获后处理与搬运、运输和分发。2020 年，van Klinken 等对 63 份现有包括系统方法（systems approach）的进口植物检疫要求作了分析，提出了系统方法的"三阶段四目标"框架（图 9-1）。"三阶段"是指收获前（pre-harvest）、收获及之后（from harvest）和出证后（post-certification）。"四目标"则包括有害生物暴露

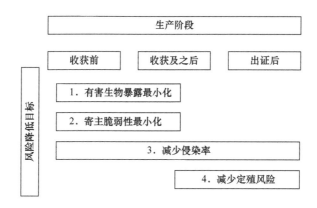

图 9-1 系统方法中的风险降低框架（van Klinken et al.，2020）

最小化、寄主脆弱性最小化、减少侵染率和减少定殖风险。

　　海关总署在相关植物及植物产品的进出口公告中也会明确相应的植物检疫要求。海关总署公告 2020 年第 59 号（《关于中国鲜食柑橘出口美国植物检疫要求的公告》）规定，中国输美鲜食柑橘中不得带有 17 种美方关注的检疫性有害生物。其管理措施要求包括：果园包装厂批准注册、注册果园管理、注册包装厂管理、检疫处理、出口前检疫和出证、植物检疫证书要求、装运要求和不符合要求的处理。海关总署公告 2020 年第 60 号（《关于进口美国鲜食鳄梨植物检疫要求的公告》）规定，美国输华鲜食鳄梨中不得带有 15 种中方关注的检疫性有害生物。其管理措施要求包括：注册果园管理、注册包装厂管理、包装要求、出口前检疫、植物检疫证书要求、进境检验检疫及不合格处理、回顾性审查。由此可见，进出口植物检疫要求基本一致，同时也暗合 PDCA 循环。

四、扩散阻截防控方案

　　对已在国内发生的检疫性有害生物，可以参考全国农业技术推广服务中心组织制定的《2020 年红火蚁阻截防控方案》和《2020 年黄瓜绿斑驳花叶病毒和瓜类果斑病菌阻截防控方案》，重点都是建立"政府主导、属地责任、联防联控"的防控机制，实行"分类指导、分区治理、标本兼治"防控策略。尤其在有害生物空间面上的扩散管控时，关键是确定前沿区并采取根除措施（Wang et al.，2020）。

五、风险管理目标分类

　　针对有害生物开展风险管理，根据有害生物 - 植物关系（pest-plant relationship，PPR）及扩展，既可以针对有害生物本身开展工作，也可以对寄主等进行保护，还可以对两者之间的联系采取措施，另需要有相关信息系统支持，按照 PDCA 循环对各种措施进行数据收集、验证，实现可回溯和再完善。因此不同有害生物风险管理具体方案的目标可以归类为有害生物监测与控制（pest monitoring and control）、植物改良（plant improvement）、暴露管理（exposure management）及信息系统（information system）。

第二节　基于有害生物 - 植物关系的管理方案

植物有害生物造成危害，先决条件必须满足植物、有害生物和两者之间的暴露，因此建立有害生物 - 植物关系就可以有针对性地开展有害生物管理。在植物检疫实践过程中，有害生物往往是明确的，而供应链不同阶段的"植物"并不局限于寄主，也有可能是其他植物产品如木质包装或者其他媒介（集装箱、携带物、邮寄物、压载水等）。

一、有害生物监测与控制

直接对有害生物进行操作是最直接的防控方式。这里的操作一般可以分为两个阶段：第一阶段是监测，目的是发现有害生物是否存在、如果存在种群有哪些特点，主要是摸清信息；第二阶段是控制，就是在确定有害生物存在后对其进行灭除。某些监测手段也具有控制的作用，发现的同时顺带也杀死了生物体，而控制的过程在某种意义上也能起到监测的作用。

确保某个空间没有关注的有害生物也是有害生物监测和控制手段之一。非疫区（pest free zone）、非疫产区（pest free place of production）或非疫生产点（pest free production site）是植物检疫要求的重要组成部分，特别是对重大检疫性有害生物，即与没有这些有害生物发生的生产地区进行贸易，这样就从源头控制住了有害生物发生的可能性。ISPM第4号标准《非疫区建立要求》（Requirements for the Establishment of Pest Free Areas）和ISPM第10号标准《非疫产地和非疫生产点建立要求》（Requirements for the Establishment of Pest Free Places of Production and Pest Free Production Sites）对此作了详细的规定。一旦非疫区、非疫产区或非疫生产点出现了关注的有害生物，那么"非疫"就都变成了"疫区"，这就需要采取根除措施重新达到"非疫"的状态。《进口哥伦比亚鲜食鳄梨植物检疫要求》要求对"非疫产区重新恢复需满足发现有害生物并采取根除措施后连续三个世代未再发现，如鳄梨织蛾约4.5个月，墨西哥英象或巴拿马英象约8个月。"ISPM第26号标准《实蝇非疫区建立》[Establishment of Pest Free Areas for Fruit Flies（Tephritidae）]就针对实蝇的非疫区作了详细规定。例如，在《中国鲜枣出口美国植物检疫要求》中，美方认可"中国北纬33度以北的地区是桔小实蝇、番石榴实蝇和瓜实蝇的非疫区，新疆吐鲁番市部分乡镇外的地区是枣实蝇的非疫区"，因此需要采取措施维持上述非疫区地位；而在《中国鲜食柑橘出口美国植物检疫要求》中，中方需要维持橘大实蝇和蜜柑大实蝇非疫产区（或非疫生产点）地位。进口方如果确认入境处因为环境因素或者人为合理条件有害生物不能生存，这样也可规避了有害生物入侵的风险，即采用指定口岸的方法。例如，在《中国鲜食柑橘出口美国植物检疫要求》中，就要求"如到达美国时尚未完成冷处理或冷处理失败，则该批货物可到达的口岸需满足以下任一条件：（1）北纬39度以北、西经104度以东的口岸；（2）美方批准可以进行冷处理的口岸。"

在田间对有害生物进行灭除的方式有物理防治、化学防治和生物防治：物理防治方式包括灯诱、人工去除等；化学防治方式包括使用信息素、杀虫剂 / 除草剂等；生物防治方式就是使用天敌或者昆虫不育技术（sterile insect technique，SIT）进行种群不育控制。但是生物防治方式通常很难在较大区域内实现 100% 的灭除。种子常会携带很多有害生物，其中一些还是检疫性有害生物，对此既可以通过药液浸种，也可以通过包衣技术防治。

在出口时、运输途中或者进境时开展的检疫处理包括热处理、冷处理、熏蒸处理、非熏蒸化学药剂处理和辐照处理等（王跃进，2014）。ISPM 第 28 号标准《管制性有害生物植物卫生措施》（Phytosanitary Treatments for Regulated Pests）及其附件提出了明确的要求，目前主要集中在实蝇的辐照处理、冷处理和蒸汽热处理（表 9-1）。ISPM 第 42 号和第 43 号标准对植物卫生措施的温度控制和熏蒸应用要求作了说明。EPPO 的第 10 号 PM 就是《植物卫生处理》，现有 21 个子项。美国农业部专门制定了 960 页的处理手册（2016 年第 2 版）。检疫处理有效性评价标准一般采用"死亡几率值 9"（99.996 8%），即要求 10 万个有害生物群体经过检疫处理后，存活个体不超过 3 个。因其样本量要求大，近年来又建立了检疫处理有效性等同评价标准（cardiff 标准）（王跃进，2014）。

表 9-1　ISPM 第 28 号标准《管制性有害生物植物卫生措施》
（Phytosanitary Treatments for Regulated Pests）附件

编号	名称
ISPM 28 Annex 01（2009）	PT 1：Irradiation Treatment for *Anastrepha ludens*（墨西哥按实蝇辐照处理）
ISPM 28 Annex 02（2009）	PT 2：Irradiation Treatment for *Anastrepha obliqua*（西印度按实蝇辐照处理）
ISPM 28 Annex 03（2009）	PT 3：Irradiation Treatment for *Anastrepha serpentina*（暗色实蝇辐照处理）
ISPM 28 Annex 04（2009）	PT 4：Irradiation Treatment for *Bactrocera jarvisi*（扎氏果实蝇辐照处理）
ISPM 28 Annex 05（2009）	PT 5：Irradiation Treatment for *Bactrocera tryoni*（昆士兰果实蝇辐照处理）
ISPM 28 Annex 06（2009）	PT 6：Irradiation Treatment for *Cydia pomonella*（苹果蠹蛾辐照处理）
ISPM 28 Annex 07（2009）	PT 7：Irradiation Treatment for Fruit Flies of the Family Tephritidae（generic）［实蝇科辐照处理（通用）］
ISPM 28 Annex 08（2009）	PT 8：Irradiation Treatment for *Rhagoletis pomonella*（苹果实蝇辐照处理）
ISPM 28 Annex 09（2010）	PT 9：Irradiation Treatment for *Conotrachelus nenuphar*（李象辐照处理）
ISPM 28 Annex 10（2010）	PT 10：Irradiation Treatment for *Grapholita molesta*（梨小食心虫辐照处理）
ISPM 28 Annex 11（2010）	PT 11：Irradiation Treatment for *Grapholita molesta* Under Hypoxia（缺氧条件下梨小食心虫辐照处理）
ISPM 28 Annex 12（2011）	PT 12：Irradiation Treatment for *Cylas formicarius elegantulus*（甘薯小象甲辐照处理）
ISPM 28 Annex 13（2011）	PT 13：Irradiation Treatment for *Euscepes postfasciatus*（西印度甘薯象甲辐照处理）
ISPM 28 Annex 14（2011）	PT 14：Irradiation Treatment for *Ceratitis capitata*（地中海实蝇辐照处理）
ISPM 28 Annex 15（2014）	PT 15：Vapour Heat Treatment for *Bactrocera cucurbitae* on *Cucumis melo* var. *reticulatus*（网纹甜瓜瓜实蝇蒸汽热处理）
ISPM 28 Annex 16（2015）	PT 16：Cold Treatment for *Bactrocera tryoni* on *Citrus sinensis*（橙昆士兰实蝇冷处理）
ISPM 28 Annex 17（2015）	PT 17：Cold Treatment for *Bactrocera tryoni* on *Citrus reticulata*×*C. sinensis*（柑橘与橙杂交种昆士兰实蝇冷处理）
ISPM 28 Annex 18（2015）	PT 18：Cold Treatment for *Bactrocera tryoni* on *Citrus limon*（柠檬昆士兰实蝇冷处理）

编号	名称
ISPM 28 Annex 19（2015）	PT 19：Irradiation Treatment for *Dysmicoccus neobrevipes*，*Planococcus lilacinus* and *Planococcus minor*（新菠萝灰粉蚧、南洋臀纹粉蚧和大洋臀纹粉蚧辐照处理）
ISPM 28 Annex 20（2016）	PT 20：Irradiation Treatment for *Ostrinia nubilalis*（欧洲玉米螟辐照处理）
ISPM 28 Annex 21（2016）	PT 21：Vapour Heat Treatment for *Bactrocera melanotus* and *Bactrocera xanthodes* on *Carica papaya*（番木瓜库克果实蝇和黄侧条果实蝇蒸汽热处理）
ISPM 28 Annex 22（2017）	PT 22：Sulphuryl Fluoride Fumigation Treatment for Insects in Debarked Wood（去皮木材硫酰氟昆虫熏蒸处理）
ISPM 28 Annex 23（2017）	PT 23：Sulphuryl Fluoride Fumigation Treatment for Nematodes and Insects in Debarked Wood（去皮木材硫酰氟线虫和昆虫熏蒸处理）
ISPM 28 Annex 24（2017）	PT 24：Cold Treatment for *Ceratitis capitata* on *Citrus sinensis*（橙地中海实蝇冷处理）
ISPM 28 Annex 25（2017）	PT 25：Cold Treatment for *Ceratitis capitata* on *Citrus reticulata* × *C. sinensis*（柑橘与橙杂交种地中海实蝇冷处理）
ISPM 28 Annex 26（2017）	PT 26：Cold Treatment for *Ceratitis capitata* on *Citrus limon*（柠檬地中海实蝇冷处理）
ISPM 28 Annex 27（2017）	PT 27：Cold Treatment for *Ceratitis capitata* on *Citrus paradisi*（葡萄柚地中海实蝇冷处理）
ISPM 28 Annex 28（2017）	PT 28：Cold Treatment for *Ceratitis capitata* on *Citrus reticulata*（柑橘地中海实蝇冷处理）
ISPM 28 Annex 29（2017）	PT 29：Cold Treatment for *Ceratitis capitata* on *Citrus clementina*（克里曼丁橘地中海实蝇冷处理）
ISPM 28 Annex 30（2017）	PT 30：Vapour Heat Treatment for *Ceratitis capitata* on *Mangifera indica*（芒果地中海实蝇蒸汽热处理）
ISPM 28 Annex 31（2017）	PT 31：Vapour Heat Treatment for *Bactrocera tryoni* on *Mangifera indica*（芒果昆士兰实蝇蒸汽热处理）
ISPM 28 Annex 32（2018）	PT 32：Vapour Heat Treatment for *Bactrocera dorsalis* on *Carica papaya*（番木瓜橘小实蝇蒸汽热处理）

二、植物（植物产品及其他传播媒介）改良

基于PPR，还可以通过对植物、植物产品及其他传播媒介进行操作来进行风险管理。

1）一种方式是种植具有抗性或者不易感染的栽培品种，这样也就从根本上断绝了有害生物-植物的相关关系。以梨火疫病菌为例，品种'绿梨''晋酥'表现抗病性，品种'霍城冬黄梨''八月酥''库车阿木特''棉梨'表现出耐病性，其他实验品种均为感病品种（李洪涛等，2019）。因此在进口相关植物及其产品时，必要时要对植物及其产品的品种进行明确。这里还存在某种植物是否是某有害生物的寄主的问题，ISPM第37号标准《实蝇的水果寄主地位确定》[Determination of Host Status of Fruit to Fruit Flies（Tephritidae）]就介绍了水果作为实蝇寄主地位的三种类别。在有害生物风险分析的实际过程中，有些有害生物-植物的关系是有争议的，如甜樱桃是否为苹果蠹蛾（*Cydia pomonella*）的寄主、苹果蠹蛾是否会随樱桃贸易扩散等，由此可见，如果要将有害生物风险分析继续深入下去，就需要开展相应的实验（Wolk 等，2019）。

2）另外一种方式就是在植物及其产品采摘-加工过程中对其进行分级，将具有潜在风险的产品剔除出去。例如，实蝇侵染的柑橘果实表皮会有孔洞或者握感空虚，如果能

在摘果或者收货时有针对性地剔除和分选（图9-2），就可以将带虫果实与不带虫果实进行有效分离（Xia et al.，2019）。

三、暴露管理

还有一类风险管理措施聚焦于有害生物与植物及其产品的连接及暴露，通过方案将两者隔离从而不再造成危害。

很多有害生物的发生需要一定的气候条件，而其寄主种植也存在不同的季节性，因此可以通过错开物候的方式进行调控。例如，小麦矮腥黑穗病菌不易感染春小麦，可以在一定的检疫条件下，通过进口春小麦就可以极大地降低小麦矮腥黑穗病菌的传入风险（章正，2006）。

也可以对植物及其他产品进行物理隔离。最典型的就是果实套袋，既可以提升外观效果，还能减少农药残留，同时也能减少病虫害的危害（图9-3）。例如，在《中国鲜食柑橘出口美国植物检疫要求》的附件3中特别列出了"中国输美柑橘套袋技术规范"，规定了中国蜜柚输往美国的套袋操作技术要求。

图 9-2　柑橘分选

图 9-3　柑橘套袋

四、系统方法

系统方法（systems approach）是指使用相互独立的两个或多个措施以达到有害生物风险管理的目的，其与有害生物综合治理（integrated pest management）有异曲同工之妙。ISPM 第 14 号标准《有害生物风险管理中整合措施在系统方法中的应用》（The Use of Integrated Measures in A Systems Approach for Pest Risk Management）、第 35 号标准《实蝇风险管理系统方法》[Systems Approach for Pest Risk Management of Fruit Flies（ Tephritidae ）]，以及 NAPPO 的第 41 号 RSPM 标准《系统方法在林业产品流通有害生物风险管理的应用标准说明》（ Use of Systems Approaches to Manage Pest Risks Associated with the Movement of Forest Products ）、我国国家标准《有害生物风险管理综合措施》（ GB/T 27617—2011 ）

对系统方法作了较为详细的规定。图 9-4 展示了沿着生产 / 出口链通过采取一系列不同类别的有害生物管理措施,从而减少最终出口商品的有害生物侵染风险,在此基础上还可以使用基于 xlsx 的"生产链框架"(Production Chain framework)这样的工具开展系统方法应用和分析(Quinlan, 2016)。《中国鲜食柑橘出口美国植物检疫要求》提出了对采用综合防控措施和在植物检疫证书中标示的要求。

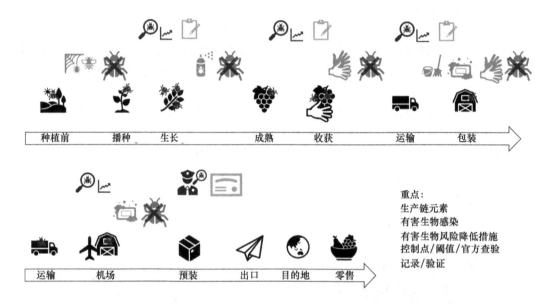

图 9-4　系统方法信息图(Quinlan et al., 2020)

五、信息系统

信息系统在整个风险分析过程乃至植物检疫体系中起着非常重要的作用。作为风险管理方案的一种,信息管理包括监测、注册、查验这些现场活动,还包括数据的收集、整理、分析。这些信息管理核心是为了认证、回溯,通过过程管理确保结果可靠并对这个过程的效能进行评价,如果发现问题可以倒推找出哪个环节发生了问题。ISPM 第 2 号标准和国家标准 GB/T 27616—2011 都对文件记录提出了明确规定。

对比《中国鲜食柑橘出口美国植物检疫要求》和《进口美国鲜食鳄梨植物检疫要求》可以看出,进出口国双方的出入境检疫机构按照植物检疫要求注册备案相关产品的生产基地、包装厂、加工厂,尤其要根据供应链流程将各流程衔接起来以便溯源。出口国植物检疫机构对出口产品进行出口前检疫、查验信息和抽样。只有通过检疫并符合出口条件,相关机构或者授权人员才可以签发植物检疫证书。植物检疫证书应该明确说明无进口方关注的检疫性有害生物,还可能包括包装厂和生产地块信息或者检疫处理信息等。

有害生物风险分析信息系统应该整合到植物检疫的大数据平台,这个平台应包括收集和整理信息后形成的数据库,还应能够进行信息分析特别是风险分析,这些结果能够为检疫政策提供依据(王聪等,2015)。随着信息技术的发展和国家的不断投入,我们期待类似的大数据平台能够尽早运行(图 9-5)。

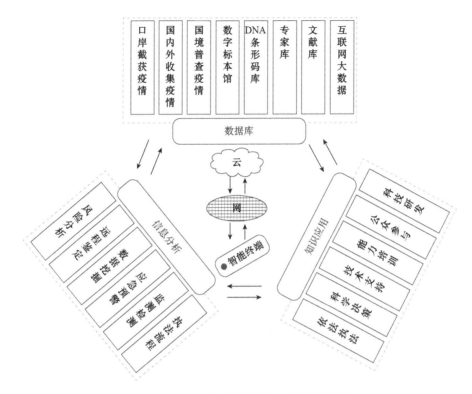

图 9-5 国境生物安全大数据平台框架设计

六、应急管理

近些年来新发突发疫情呈增加趋势，这就需要采取应急管理方案。《国际植物保护公约》第 7 条第 6 款提出"本条不得妨碍任何缔约方在检测到对其领土造成潜在威胁的有害生物时采取适当的紧急行动或报告这一检测结果。应尽快对任何这类行动作出评价以确保是否有理由继续采取这类行动。所采取的行动应立即报告各有关缔约方、秘书及其所属的任何区域植物保护组织。"ISPM 第 1 号标准继续重申了针对新的或未曾预料的植物卫生风险应急方案应该是临时的，如果需要继续实施这些应急措施需要开展有害生物风险分析或者其他比较工作从而确保这些措施的技术合理性。ISPM 第 13 号标准《违规和紧急行动通报准则》（Guidelines for the Notification of non-Compliance and Emergency Action）针对输入货物存在的违规可能及应急行动提出了要求。

《进出境动植物检疫法实施条例》第四条规定了"国（境）外发生重大动植物疫情并可能传入中国时，根据情况采取下列紧急预防措施"的四种情况。《农作物病虫害防治条例》第四章对"应急处置"进行了详细说明，其中第三十条规定"农作物病虫害暴发时，县级以上地方人民政府应当立即启动应急响应，采取下列措施：（一）划定应急处置的范围和面积；（二）组织和调集应急处置队伍；（三）启用应急备用药剂、机械等物资；（四）组织应急处置行动。"我国植物检疫应急情况还应符合《中华人民共和国突发事件应对法》要求，可以借鉴环境领域的《国家突发环境事件应急预案》和《突发环境事件应急管理办法》。例如，辽宁省林业和草原局在 2020 年 8 月根据辽宁省应急管理厅 2020 年度应急演练安排，在朝阳市举行了危险性林业有害生物灾害处置应急演练。当然，最重要的技术支持是有一支应急的有害生物风险分析团队和能够处理新发突发疫情的植物检疫大数据平台。

《中华人民共和国生物安全法》第十三条规定"地方各级人民政府对本行政区域内生物安全工作负责。县级以上地方人民政府有关部门根据职责分工，负责生物安全相关工作。基层群众性自治组织应当协助地方人民政府以及有关部门做好生物安全风险防控、应急处置和宣传教育等工作。有关单位和个人应当配合做好生物安全风险防控和应急处置等工作"。第二十一条规定"国家建立统一领导、协同联动、有序高效的生物安全应急制度。国务院有关部门应当组织制定相关领域、行业生物安全事件应急预案，根据应急预案和统一部署开展应急演练、应急处置、应急救援和事后恢复等工作。县级以上地方人民政府及其有关部门应当制定并组织、指导和督促相关企业事业单位制定生物安全事件应急预案，加强应急准备、人员培训和应急演练，开展生物安全事件应急处置、应急救援和事后恢复等工作。中国人民解放军、中国人民武装警察部队按照中央军事委员会的命令，依法参加生物安全事件应急处置和应急救援工作"。第三十条规定"国家建立重大新发突发传染病、动植物疫情联防联控机制。发生重大新发突发传染病、动植物疫情，应当依照有关法律法规和应急预案的规定及时采取控制措施；国务院卫生健康、农业农村、林业草原主管部门应当立即组织疫情会商研判，将会商研判结论向中央国家安全领导机构和国务院报告，并通报国家生物安全工作协调机制其他成员单位和国务院其他有关部门。发生重大新发突发传染病、动植物疫情，地方各级人民政府统一履行本行政区域内疫情防控职责，加强组织领导，开展群防群控、医疗救治，动员和鼓励社会力量依法有序参与疫情防控工作"。第三十八条规定"从事高风险、中风险生物技术研究、开发活动，应当由在我国境内依法成立的法人组织进行，并依法取得批准或者进行备案。从事高风险、中风险生物技术研究、开发活动，应当进行风险评估，制定风险防控计划和生物安全事件应急预案，降低研究、开发活动实施的风险"。第五十条规定"病原微生物实验室的设立单位应当制定生物安全事件应急预案，定期组织开展人员培训和应急演练。发生高致病性病原微生物泄漏、丢失和被盗、被抢或者其他生物安全风险的，应当按照应急预案的规定及时采取控制措施，并按照国家规定报告"。第六十四条规定"国务院有关部门、省级人民政府及其有关部门负责组织遭受生物恐怖袭击、生物武器攻击后的人员救治与安置、环境消毒、生态修复、安全监测和社会秩序恢复等工作。国务院有关部门、省级人民政府及其有关部门应当有效引导社会舆论科学、准确报道生物恐怖袭击和生物武器攻击事件，及时发布疏散、转移和紧急避难等信息，对应急处置与恢复过程中遭受污染的区域和人员进行长期环境监测和健康监测"。第七十条规定"国家加强重大新发突发传染病、动植物疫情等生物安全风险防控的物资储备。国家加强生物安全应急药品、装备等物资的研究、开发和技术储备。国务院有关部门根据职责分工，落实生物安全应急药品、装备等物资研究、开发和技术储备的相关措施。国务院有关部门和县级以上地方人民政府及其有关部门应当保障生物安全事件应急处置所需的医疗救护设备、救治药品、医疗器械等物资的生产、供应和调配；交通运输主管部门应当及时组织协调运输经营单位优先运送"。

第十章 交 流

If you have an apple and I have an apple and we exchange these apples then you and I will still each have one apple. But if you have an idea and I have an idea and we exchange these ideas, each of us will have two ideas（你有一个苹果，我有一个苹果，彼此交换一下，我们仍然是各有一个苹果；但你有一种思想，我有一种思想，彼此交换，我们就都有了两种）.

——George Bernard Shaw

从前述可知，有害生物风险分析异常复杂，涉及面非常广，影响非常大，不仅牵涉到粮食安全、生物安全，还与国际贸易密切相关。每个人的能力是有限的，而很多工作又有时间限制和质量要求，这就需要通过风险交流，集思广益，迅速高效地完成工作。按照 ISPM 第 2 号标准和 GB/T 27616—2011，风险交流不仅仅是信息单向流动或者使相关方了解情况，更重要的是汇总科学家、相关方、政策制定者的意见，对风险、管理方案、法规政策和植物卫生问题进行讨论和实施，从而保证风险分析的科学性，以及保障各方利益。IPPC 还制定了《有害生物风险交流指南》。

信息本身在传递过程中具有非损耗性，尽管这个过程有物质要求和能量成本。那么如何进行有害生物风险交流呢？必须得有一个以有害生物风险分析专家为核心的工作团队，在有害生物风险分析的全过程与供应链的相关人员进行充分沟通和交流。最容易被大家忽略的是定期或者不定期地对已有有害生物风险分析进行回顾性审查。整个过程可以用一个双圈来示意，内圈表示风险分析的正常流程，外圈表示各阶段的反馈（图 10-1）。

图 10-1　风险交流双圈示意图
风险识别、风险评估和风险管理流程
（内圈）与反馈（外圈）

第一节　有害生物风险分析团队

根据有害生物风险分析任务的大小和难度，可以采用两种方式开展工作：一种是相关专家完成初稿，再请其他专业人员复核；另一种是组建多专业团队，共同完成初稿。两种方式各有特点，根据任务的时间要求及现有人力、物力条件进行选择。

美国农业部动植物卫生检验局下设植物保护与检疫处（Plant Protection and Quarantine），其中就建有植物流行病学与风险分析实验室（Plant Epidemiology and Risk Analysis Laboratory），雇员 50 人左右，涉及专业广泛。我国组织成立了中国进出境动植物检疫风险分析委员会（李尉民，2002）。

一、团队组成

针对路径的有害生物风险分析任务，通常涉及的有害生物类群非常多，这种情况下可以采用风险分析专家牵头的形式进行。风险分析专家经过初评，确定可能涉及的生物类群，再根据需要邀请相关类群专家及检疫处理专家加入，建立针对这个任务的小组，分工协作共同完成任务。

针对具体类群的有害生物风险分析任务，可以采用风险分析专家与类群专家共同合作的方式进行。在实际工作过程中，某些类群专家会慢慢成长为有害生物风险分析专家，或者有害生物风险分析专家长期参与某种类群的工作，这样会更有利于风险分析工作。

针对名录制修订这样具有全局性、系统性的有害生物风险分析任务，对组织管理的要求就更高了。通常要设立一个顾问组和综合组来进行宏观指导和微观协调，然后再根据类群进行分组。必要时还应该有一个后勤团队，负责财务、会务和出版印刷等工作。

二、工作方式与流程

风险分析的工作方式可以灵活多样。对于"小"任务，如针对某种有害生物的风险分析，可以由一位熟悉该有害生物的类群专家或者风险分析专家独自承担。对于涉及面广的任务，就需要依托团队进行分工。对于名录制修订这样的工程，就需要成立专门的计划或者办公室来开展工作了。

当前有害生物风险分析的流程一般都是"初稿＋征求意见＋修改＋专家评议"的模式，其中"征求意见"和"专家评议"这个过程可能会持续多次，以确保最后提交的工作报告符合要求。当然也应该对"征求意见"和"专家评议"的参加人员有一定的专业要求。

三、风险分析专家的专业要求

从风险分析涉及的内容来看，农学、生物学、地学、生态学、环境科学、经济学、计算机等专业背景的专家均可从事有害生物风险分析工作。如果牵头某项任务，应该具备相关任务的前期基础和类似任务的工作经验。除专业要求以外，还应该具备文字、外语的良好基础。

四、培训与研讨

中国检验检疫科学研究院、国际检验检疫标准与技术法规研究中心举办了多次全国性植物检疫有害生物风险方面的培训班和研讨会，先后聘请中国科学院动物研究所、植物研究所和微生物研究所的专家，中国农业大学、南京农业大学、华南农业大学的教授，以及中国检验检疫科学研究院的研究员进行主题授课和培训（图10-2），参加人员来自全国各海关（原检验检疫局），各省（自治区、直辖市）植保植检站和科研院所、高校等近百家单位。

全国农业技术推广服务中心和国际检验检疫标准与技术法规研究中心共同举办了多次国际植检措施标准草案评议会，邀请全国相关专家就有害生物风险分析相关标准进行了研讨和评议。

图 10-2　有害生物风险分析培训（中国检验检疫科学研究院严进供图）

五、检疫一体化

目前在公共卫生领域兴起的"One Health"（有时译为"同一个健康"或"全健康"，本书建议翻译为"健康一体化"）对于植物检疫工作有很多启发。由于卫生检疫、动物检疫和植物检疫的管理对象多有交叉，政策方法又有共通之处，未来也应加强"检疫一体化"（One Quarantine）研究，从顶层设计方面考虑如何提升检疫效能。当前卫生检疫、动物检疫和植物检疫的相关工作人员至少可以就检疫对象的风险分析进行研讨。

第二节　供应链参与方

GB/T 21658—2008 和 SN/T 1601.2—2005 提出对有害生物风险评估报告草案和有害生物风险分析报告草案征求各方面的意见，包括科研院所和高校专家、检疫技术支持单位专家、行政管理部门工作人员、企业等的意见。有害生物风险分析涉及的面非常广，无论从技术合理性还是经济可行性出发，都需要供应链参与方的积极参与，包括生产方、加工方、流通方及检疫监管方。通过与供应链参与方交流和讨论，才能使得最终的有害生物风险分析结论达成广泛共识。

交流方式可以灵活多样。风险分析团队可以直接去相关单位、公司进行调研、实地考察，掌握第一手资料，也可以通过电话、电子邮件等方式进行访谈，到一定阶段还可以召开推进会或者研讨会，就有关问题多方共同交流，以期找到合适的解决方案。通过风险交流，可以向参与方介绍有害生物风险分析、植物检疫要求，更重要的是向他们请教、学习有害生物防控的高效、实用的方法和技术，同时了解植物检疫措施对生产加工可能产生的影响，特别是产品的品质和成本是否具有经济上的可行性。

一、生产方和加工方

生产方和加工方是有害生物进入供应链的主要环节，因此也是有害生物（并不局限于管制性有害生物）防控的关键执行力量，积累了丰富的防控经验。根据先前的植物及其产品的植物检疫要求内容来看，这些参与方还需要承担或者配合监测、注册备案及记录等工作。

二、流通方

运输和仓储环节也存在有害生物进入供应链的风险，同时也是有害生物从供应链扩散到环境的重要渠道之一，另外还可能是开展检疫措施的主要地点。根据先前的植物及其产品的植物检疫要求内容来看，这些参与方同样有可能承担或者配合监测、记录等工作。

三、检疫监管方

检疫监管方是整个植物检疫工作的决策者、执行者和监管者，很多风险分析任务也是来自检疫监管方或者是向他们提供。当然很多时候检疫监管方本身也牵头或者参与有害生物风险分析工作，同时也对整个植物检疫体系及涉及的国际贸易最为熟悉。

第三节　国际交流与合作

防控有害生物的跨区域扩散离不开国际社会的共同努力，这也是《国际植物保护公约》《实施卫生与植物卫生措施协定》《生物多样性公约》等国际协议达成的原因。无论是 IPPC 还是 WTO/SPS 和 CBD，都提供了不限于有害生物风险的交流平台。2020年既是国际植物健康年（International Year of Plant Health），又是原定在我国昆明举办联合国《生物多样性公约》第十五次缔约方大会的年份。在 FAO 和中国"南南合作计划"框架下，开展了《国际植物保护公约》秘书处执行的增强发展中缔约方能力提升的全球项目。

有害生物风险分析工作者应该充分利用这些国际平台，更好地促进植物检疫国际交流和合作。在植物检疫双边技术谈判时的交锋，也是一种很好的风险交流，正所谓"不打不相识""真理越辩越明"。中澳小麦不孕病合作研究、历时 17 年的中国苹果输美准入谈判等高水平学术争论，无不推动着植物检疫特别是有害生物风险分析工作的前进。

一、国际培训

为落实《中华人民共和国国家质量监督检验检疫总局与朝鲜民主主义人民共和国国家质量管理局 2007—2009 年检验检疫领域合作实施计划》，由中方为朝方培训技术人员的植物检疫培训班于 2008 年 7 月 20 日～8 月 2 日在北京举行，来自朝鲜国家质量管理局的 4 名学员参加了此次培训。原国家质量监督检验检疫总局动植物检疫司和全国农业技术推广中心有关领导，以及中国检验检疫科学研究院的专家分别讲授了中国检验检疫体系、检验检疫法律法规、国内植物检疫制度、有害生物风险分析、各类检疫性有害生物鉴定方法和除害处理措施等方面的课程，并组织参观了原北京出入境检验检疫局实验室、熏蒸设施及热处理设施等。此次培训既有理论知识课程，又有实验室操作，安排紧凑合理，取得了良好的效果。

二、国际会议

IPPC 等组织每年会组织植物检疫领域的研讨会，例如，2019 年在日本举办"国际有害生物非疫区和调研研讨会"［International Symposium for Pest Free Areas（PFAs）and Surveillance］，2020 年在澳大利亚举办"限制污染性有害生物扩散国际研讨会"（International Symposium on Limiting the Spread of Contaminant Pests）。国际有害生物风险研究组（International Pest Risk Research Group）也组织了多次会议。

三、国际合作

为解决澳大利亚输华小麦携带小麦不孕病菌［*Pyrenophora semeniperda*（Brittlebank & Adam）Shoem］的检疫问题，原国家质量监督检验检疫总局组织中国检验检疫科学研究院、原秦皇岛出入境检验检疫局和原珠海出入境检验检疫局的专家于 2002 年 9 月赴澳大利亚南澳州开展了为期两个月的合作研究，内容包括植物病理学和动物毒理学两部分。植物病理学内容包括自然条件下子囊孢子和分生孢子的存在情况及其在生活史中的作用调查，子囊孢子实验条件下产生的最适条件，病原接种大麦、小麦和燕麦发病的最适温度和湿度，病原侵染发病与作物生长期的关系，以及病害发生对产量的影响评估等；动物毒理学内容包括病菌产生的毒素种类、含量和对植物的作用，以及对动物的毒性等。中国检验检疫科学研究院等单位的专家根据实验数据开展了该病害在中国的适生性分析。根据合作研究及风险分析结果，中澳双方于 2003 年 10 月在胡锦涛访问澳大利亚期间签署了《中国国家质量监督检验检疫总局与澳大利亚农渔林业部关于澳大利亚小麦大麦输往中国的植物检疫议定书》。

2004 年和 2005 年，为完成原国家质量监督检验检疫总局"大豆上几种重要的检疫性有害生物检疫方法研究"项目（编号 2002IK015-01），中国检验检疫科学研究院选派相关专家分别赴美国阿肯色大学和肯塔基大学开展了大豆猝死综合症、大豆茎溃疡病菌、菜豆荚斑驳病毒、烟草线条病毒等的合作研究，系统学习了这些病害的检测方法，明确了大豆种皮是传带菜豆荚斑驳病毒的主要部位，提高了进境大豆种子中病毒检测的针对性，在国内首次建立了大豆上两种具有检疫重要性的病毒的 RT-PCR 检测方法：菜豆荚斑驳病毒的 RT-PCR 检测方法可有效检测该病毒不同亚组的分离物；对烟草线条病毒外壳蛋白部分基因进行了克隆和序列测定。相关专家起草了大豆猝死综合症和大豆南北方茎溃疡病菌检疫方法的行业标准和国家标准，于 2007 年发布。

为明确中国鸭梨果实上黑斑病菌的种类，并为采取降低风险措施提供科学依据，2004～2005 年，原国家质量监督检验检疫总局组织中国检验检疫科学研究院、原河北出入境检验检疫局和河北农业大学等单位的专家，以及美国农业部动植物检疫局的专家在河北省鸭梨果园和实验室开展了合作研究。双方在河北鸭梨包装厂开展了包括高压气枪吹扫果实表面、果实不同分级方法、出口前重新包装和检疫人员检验 4 个环节在内的包装和出口前检验对黑斑病菌影响的研究，以验证这些环节是否造成伤口从而导致黑斑病菌侵染。2005 年双方又在鸭梨开花期、幼果期和收获期采集标本，进行病原菌的分离和鉴定。根据合作研究结果，中美双方在北京重新签署了《中国鸭梨输往美国的植物检疫工作计划》，中国鸭梨恢复出口美国。

自 2009 年我国口岸首次在加拿大油菜籽上截获油菜茎基溃疡病菌（*Leptosphaeria maculans*）以来，口岸发现加拿大油菜籽中夹带的病残体带菌率较高，且病残体等杂

图 10-3　中加两国植物检疫专家在研讨
（中国检验检疫科学研究院严进供图）

质在油菜籽中含量高达 2% 以上，为此中国植物检疫部门提出降低油菜籽中杂质含量以减少病菌传播风险的要求，但加拿大持有异议，解决这一问题刻不容缓。根据两国签署的加拿大油菜籽输华的谅解备忘录，双方专家联合开展了油菜籽中不同含量病残体传播病菌风险的研究，以达到降低油菜籽中杂质含量的要求。中国检验检疫科学研究院吴品珊研究员多次参与中加会谈、合作研究及出访，为该问题的阶段性解决做出了重要贡献（图 10-3）。

第四节　回顾性分析

风险分析是一个持续不断的过程，有必要对已有工作进行回顾性分析，查漏补缺、更新优化（图 10-4）。正如法规、标准甚至定义都会有修订，那么有害生物风险分析的过程和结论也会因为新情况的发生而改变，这是事情发展的必然经历，也是辩证法精神的具体展现。

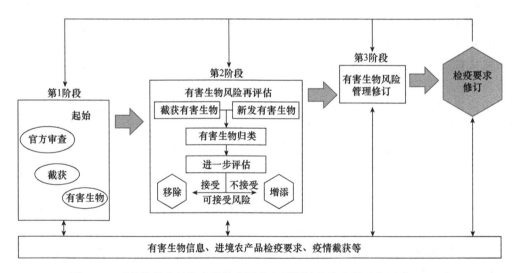

图 10-4　进境植物和植物产品检疫要求和回顾性审查流程（卢国彩，2019）

一、时机

当开展有害生物风险分析所依据的数据、方法、流程等发生了变化时，就应该对有害生物风险分析开展回顾性分析。例如，草地贪夜蛾的检疫地位因为其分布的变化就可能需要重新评估，名录中的有害生物学名、寄主、分类学地位等发生变化时也应开展相应的修订工作。

《进境植物和植物产品风险分析管理规定》（国家质量监督检验检疫总局令第 41 号）第十三条明确规定"在启动风险分析时，应当核查该产品是否已进行过类似的风险分析。如果已进行过风险分析，应当根据新的情况核实其有效性；经核实原风险分析仍然有效的，不再进行新的风险分析。"

《进口美国鲜食鳄梨植物检疫要求》第八条就是回顾性审查，"如果发生检疫问题（如入境口岸屡次截获检疫性有害生物），或有害生物状态发生显著变化，GACC 将进行进一步的风险评估，并与 USDA 协商调整检疫性有害生物名单及相关的植物检疫措施。同时，GACC 可派遣检疫官员前往加利福尼亚州，在 USDA 协助下，实地调查果园有害生物监测和防控、包装管理、出口前检查和 / 或本议定书的总体执行情况。"

二、方式

对已有有害生物风险分析开展回顾性分析，首先需熟悉原风险分析的文档、数据和思路，最重要的就是要明确哪些地方发生了变化，哪些地方依然不变。其次是明确发生变化的地方是否会造成检疫地位的变化或者风险管理措施的变更，从而根据需要进行相应的调整。

如果由"原班人马"进行回顾性分析，那么就会事半功倍。这要求有稳定的有害生物风险分析团队和经费支持。如果不是原班人员，最好能与先前开展工作的专家取得联系，如果能邀请他们参加研讨或者评议就会取得更好的效果。

三、持续

因为整个有害生物风险分析过程的涉及面非常广，还有很多的不确定性，因此经常性地开展定期或者不定期的回顾性分析非常有必要。这就需要建立一种制度和氛围，像接受存在一定的有害生物风险一样允许有害生物风险分析的不完善。我们所要做的就是不断追求而不拘泥于"止于至善"。

参 考 文 献

曹骥. 1979. 略论植物检疫及其在国民经济中的重要性. 植物保护, 5（4）: 30-32.

曹婧, 徐晗, 潘绪斌, 等. 2020. 中国草地外来入侵植物现状研究. 草地学报, 28（1）: 1-11.

陈晨, 陈娟, 胡白石, 等. 2007. 梨火疫病菌在中国的潜在分布及入侵风险分析. 中国农业科学, 40（5）: 940-947.

陈洪俊. 2012. 外来有害生物防御方略. 北京: 中国农业出版社.

陈克, 范晓虹, 李尉民. 2002a. 有害生物的定性与定量风险分析. 植物检疫, 16（5）: 257-261.

陈克, 姚文国, 章正, 等. 2002b. 小麦矮腥黑穗病在中国定殖风险分析及区划研究. 植物病理学报, 32（4）: 312-318.

陈云芬, 刘莉, 高渊, 等. 2016. 2003—2013 年全国进境水果截获疫情分析. 中国植保导刊, 36（5）: 61-66.

陈仲梅. 1992. 依法施检 开创新局面——热烈祝贺《中华人民共和国进出境动植物检疫法》诞生. 植物检疫, 6（1）: 12-13.

迟志浩, 于艳雪, 周萍, 等. 2017. 基于有害生物集群的聚类分析在入侵生物定殖研究中的应用. 中国植保导刊, 37（1）: 17-22.

董瀛谦, 李娟, 潘佳亮, 等. 2019. 我国林业检疫性有害生物发生动态分析. 植物检疫, 33（6）: 15-19.

段胜男. 2014. 我国进出境植物检验检疫标准体系初步研究. 北京: 中国农业大学硕士学位论文.

段维军, 严进, 刘芳, 等. 2015. 我国进境检疫性菌物名录亟待修订完善. 菌物学报, 34（5）: 942-960.

方焱, 李志红, 秦萌, 等. 2015. 南亚果实蝇对我国南瓜产业的潜在经济损失评估. 植物检疫, 29（3）: 28-33.

冯晓东, 秦萌, 李潇楠, 等. 2019. 新时期农业植物检疫工作的形势与任务. 中国植保导刊, 39（5）: 21-25.

耿秉晋. 1987. 植物检疫与法规. 植物检疫, 1（4）: 259-260.

顾光昊, 王建坤, 李雪松, 等. 2019. 2010—2017 年进境集装箱空箱有害生物截获统计分析. 植物检疫, 33（6）: 38-40.

韩阳阳, 王焱, 项杨, 等. 2015. 基于 Maxent 生态位模型的松材线虫在中国的适生区预测分析. 南京林业大学学报（自然科学版）, 39（1）: 6-10.

何佳遥, 陈克, 潘绪斌, 等. 2019a. 2016—2017 年中国进境植物疫情截获情况分析. 植物检疫, 33（6）: 34-37.

何佳遥, 陈克, 孙佩珊, 等. 2019b. 入境旅客携带物检疫工作研究. 植物检疫, 33（6）: 49-53.

季良. 1984. 对我国对外植物检疫工作体制改革的几点意见. 植物检疫, 6（6）: 44-49.

姜玉英, 刘杰, 谢茂昌, 等. 2019. 2019 年我国草地贪夜蛾扩散为害规律观测. 植物保护, 45（6）: 10-19.

蒋国辉, 黄玉青. 2009. 试析《进出境动植物检疫法》的修订. 植物检疫, 23（3）: 46-49.

蒋青, 梁忆冰, 王乃杨, 等. 1994. 有害生物危险性评价指标体系的初步确立. 植物检疫, 8（6）: 331-334.

蒋青, 梁忆冰, 王乃杨, 等. 1995. 有害生物危险性评价的定量分析方法研究. 植物检疫, 9（4）: 208-211.

蓝帅. 2020. 地中海实蝇与纳塔尔小条实蝇在中国的潜在经济损失评估. 北京: 中国农业大学硕士学位论文.

李芳荣, 龙海, 程颖慧, 等. 2015. 我国公布的进境植物检疫性线虫名录及其演变. 中国植保导刊, 35（9）: 62-65.

李洪涛, 张静文, 盛强, 等. 2019. 我国 20 个梨品种（种质）对国外梨火疫病菌的抗病性评价. 果树学报, 36（5）: 629-637.

李娟. 2017. 我国林业植物检疫标准化现状与发展对策. 中国森林病虫, 36（1）: 42-44.

李明福. 2005. 我国检疫性病毒类有害生物名单修订及相关问题评述. 西北农林科技大学学报, 33: 181-184.

李尉民. 2002. 国家质检总局组织成立中国进出境动植物检疫风险分析委员会. 植物检疫, 16（4）: 203.

李尉民. 2003. 有害生物风险分析. 北京: 中国农业出版社.

李尉民. 2020. 国门生物安全. 北京: 科学出版社.

李志红，秦誉嘉．2018．有害生物风险分析定量评估模型及其比较．植物保护，44（5）：134-145.

梁忆冰．2002．植物检疫对外来有害生物入侵的防御作用．植物保护，28（2）：45-47.

林火亮．1989．检疫的起源与宗教的影响．植物检疫，3（2）：152-154.

刘慧，赵守岐．2020．基于风险管理的全国农业植物检疫性有害生物名单制修订思考．植物检疫，34（1）：44-48.

刘慧，朱莉，赵守歧，等．2019．警惕番茄褐色皱果病毒传入我国．中国植保导刊，39（8）：73-76，82.

刘明迪，蓝帅，焦晓丹，等．2019．马铃薯甲虫对黑龙江省马铃薯产业的经济损失浅析．植物检疫，33（6）：54-58.

刘玮琦，袁淑珍，张静秋，等．2016．2005—2015年我国进口原木截获疫情分析及工作建议．植物检疫，30（5）：63-68.

卢国彩．2019．输华甜樱桃有害生物风险的回顾性分析．北京：中国农业大学硕士学位论文.

陆永跃，曾玲，许益镌，等．2019．外来物种红火蚁入侵生物学与防控研究进展．华南农业大学学报，40（5）：149-160.

马忠法，吴松浩．2010．《海关法》与《进出境动植物检验检疫法》关系协调之探讨——以进境动植物检验检疫为视角．海关法评论，1：252-277.

宁眺，方宇凌，汤坚，等．2004．松材线虫及其关键传媒墨天牛的研究进展．昆虫知识，41（2）：97-104.

农牧渔业部赴澳植物检疫项目考察组．1987．澳大利亚植物检疫及其有关研究的近况．植物检疫，1（3）：174-176.

潘绪斌，陈克，黄静，等．2019．有害生物风险分析数据需求及信息系统发展和展望．植物检疫，33（6）：6-9.

潘绪斌，王聪，严进，等．2018．经济全球化与气候变化对生物入侵的影响浅析．中国植保导刊，38（4）：65-69.

潘绪斌，严进，李志红，等．2015．爱知生物多样性目标框架下生物入侵的检疫防控．中国检疫，29（5）：39-41.

蒲民，吴杏霞，梁忆冰．2009．论我国进境植物检疫风险分析体系的构建．植物检疫，23（5）：44-47.

冉俊祥．1999．浅释我国对外检疫潜在危险性有害生物名录的特点．植物检疫，13（1）：39-41.

邵思．2016．综合气候和寄主的马铃薯甲虫在中国的适生性分析．北京：中国农业大学硕士学位论文.

孙宏禹，秦誉嘉，方焱，等．2018．基于@RISK的瓜实蝇对我国苦瓜产业的潜在经济损失评估．植物检疫，32（6）：64-69.

孙佩珊，姜帆，张祥林，等．2017a．地中海实蝇入侵中国的风险评估．植物保护学报，44（3）：436-444.

孙佩珊，刘明迪，严进，等．2017b．植物检疫性有害生物名单相互关系研究．植物检疫，31（4）：15-21.

孙佩珊，田若瑾，严进，等．2019．植物检疫性有害生物相关术语梳理及规范．植物保护学报，46（1）：33-39.

孙双艳，黄静．2018．澳大利亚植物检疫机构及相关法律法规．植物检疫，32（4）：82-84.

孙颖，周国梁，Jedryczka M．2015．油菜茎基溃疡病菌在中国定殖的可能性评估．植物保护学报，42（4）：523-530.

王聪，国新玥，张燕平，等．2019．国内外进境邮寄物检疫风险管理比较研究．植物检疫，33（6）：45-48.

王聪，张燕平，邵思，等．2015．国境生物安全体系探讨．植物检疫，29（1）：12-18.

王聪，郑明慧，王振华，等．2014．植物检疫性有害生物名单发展综述与制订方法探讨．植物检疫，28（3）：1-7.

王福祥．2020．国际植保公约重点工作及国际植物检疫发展趋势．植物检疫（在线首发）.

王旭，边勇，葛建军．2019．我国进境植物检疫性线虫名录亟待重新修订完善．植物检疫，33（6）：26-28.

王益愚．2007．中国进口货物木质包装传带有害生物风险分析报告．北京：北京林业大学硕士毕业论文.

王跃进．2014．中国植物检疫处理手册．北京：科学出版社.

魏守辉，杨龙．2013．刺萼龙葵——国家重点管理外来入侵物种．植物保护，39（3）：123.

魏巍，卢国彩，潘绪斌．2017．国内外入侵及有害生物数据库现状．中国植保导刊，37（9）：74-79.

魏巍．2018．检疫性茄属杂草入侵中国风险分析．北京：中国农业大学硕士学位论文.

文小芒．2014．忙总管理笔记：企业运营实战案例．海口：海南出版社.

吴海荣，钟国强，胡学难，等．2008．浅析我国新颁布进境检疫杂草名录的特点．植物检疫，22（4）：231-233.

吴红雁．1992．浅谈植物检疫情报的收集与利用．农业图书情报学刊，9（1）：16-18.

冼晓青，周培，万方浩．2019．我国进境口岸截获红火蚁疫情分析．植物检疫，33（6）：41-45.

徐海根，强胜．2018．中国外来入侵生物（修订版）．北京：科学出版社.

许志刚．2008．植物检疫学．北京：高等教育出版社.

叶祖融．1979．美国对外植物检疫法规水果与蔬菜部分．植物检疫参考资料，1：1-17.

曾士迈. 1994. 植保系统工程导论. 北京：北京农业大学出版社.

张静秋，陈克，严进，等. 2015. 2012—2013 年中国进境植物疫情截获情况分析. 植物检疫，29（2）：88-93.

张静秋，陈克，郑明慧，等. 2016. 2014—2015 年中国进境植物疫情截获情况. 植物检疫，30（4）：78-83.

章正. 2006. 小麦矮腥检疫 40 年——中国植物检疫案例之一. 植物检疫，20（6）：373-375.

章正. 2007. 小麦矮腥检疫 40 年——中国植物检疫案例之一（续）. 植物检疫，21（1）：32-35.

赵友福，林伟. 1995. 应用地理信息系统对梨火疫病可能分布区的初步研究. 植物检疫，9（6）：321-326.

周国梁. 2013. 有害生物风险定量评估原理和技术. 北京：中国农业出版社.

周明华，吴新华，张呈伟. 2017. 纪念《进出境动植物检疫法》颁布实施 25 周年. 植物检疫，31（2）：6-9.

周卫川. 2002. 非洲大蜗牛及其检疫. 北京：中国农业出版社.

朱耿平，刘国卿，卜文俊，等. 2013. 生态位模型的基本原理及其在生物多样性保护中的应用. 生物多样性，21（1）：90-98.

朱水芳，潘绪斌，曹际娟，等. 2019. 植物检疫学. 北京：科学出版社.

Bebber DP. 2015. Range-expanding pests and pathogens in a warming world. Annual Review of Phytopathology, 53: 335-356.

Bonn WG. 1999. Opening address. Acta Horticulturae, 489: 27-28.

Carlton JT. 1996. Pattern, process, and prediction in marine invasion ecology. Biol Conserv, 78: 97-106.

Crutzen PJ. 2002. Geology of mankind. Nature, 415: 23.

Devorshak C. 2012. Plant Pest Risk Analysis: Concepts and Application. London: Publishing CABI.

Ebbels DL. 2003. Principles of Plant Health and Quarantine. London: CABI Publishing.

Enders M, Havemann F, Ruland F, et al. 2020. A conceptual map of invasion biology: Integrating hypotheses into a consensus network. Global Ecology and Biogeography, 29(9): 978-991.

Fitt BDL, Hu BC, Li ZQ, et al. 2008. Strategies to prevent spread of *Leptosphaeria maculans* (phoma stem canker) onto oilseed rape crops in China: costs and benefits. Plant Pathology, 57(4): 652-664.

Food and Agriculture Organization of the United Nations (FAO). 2017. Integrated Management of the Fall Armyworm on Maize. Rome: Food and Agriculture Organization of the United Nations.

Haack RA. 2001. Intercepted Scolytidae (Coleoptera) at U. S. ports of entry: 1985—2000. Integrated Pest Management Reviews, 6: 253-282.

Headley JC. 1972. Defining the economic threshold. In: Pest control strategies for the future. Washington: National Academy of Sciences-National Research Council.

Hernandez PA, Graham CH, Master LL, et al. 2006. The effect of sample size and species characteristics on performance of different species distribution modeling methods. Ecography, 29(5): 773-785.

Intergovernmental Science-Policy Platform on Biodiversity and Ecosystem Services. 2019. Global Assessment Report on Biodiversity and Ecosystem Services. Bonn: IPBES.

Leandro LFS, Robertson AE, Mueller DS, et al. 2013. Climatic and environmental trends observed during epidemic and non-epidemic years of soybean sudden death syndrome in Iowa. Plant Health Progress, 14(1): 18.

Liu N, Li YC, Zhang RZ. 2012. Invasion of Colorado potato beetle, *Leptinotarsa decemlineata*, in China: dispersal, occurrence, and economic impact. Entomologia Experimentalis et Applicata, 143: 207-217.

Lowe S, Browne M, Boudjelas S, et al. 2000. 100 of the World's Worst Invasive Alien Species a Selection from the Global Invasive Species Database. Auckland: The Invasive Species Specialist Group (ISSG).

Luria N, Smith E, Reingold V, et al. 2017. A new israeli Tobamovirus isolate infects tomato plants harboring Tm-22 resistance genes. PLoS ONE, 12(1): e0170429.

McCullough DG, Work TT, Cavey JF, et al. 2006. Interceptions of nonindigenous plant pests at US ports of entry and border crossings over a 17-year period. Biological Invasions, 8(4): 611-630.

Millennium Ecosystem Assessment. 2005. Ecosystems and Human Well-being: Synthesis. Washington, D.C.: Island Press.

Navi SS, Bandyopadhyay R, Reddy RK, et al. 2005. Effects of wetness duration and grain development stages on sorghum grain mold infection. Plant Disease, 89(8): 872-878.

Paini DR, Sheppard AW, Cook DC, et al. 2016. Global threat to agriculture from invasive species. Proceedings of the National Academy of Sciences, 113 (27): 7575-7579.

Paini DR, Worner SP, Cook DC, et al. 2010. Threat of invasive pests from within national borders. Nature Communications, 1: 115.

Pan XB , Zhang JQ, Xu H, et al. 2015. Spatial similarity in the distribution of invasive alien plants and animals in China. Natural Hazards, 77(3): 1751-1764.

Pan XB. 2015. Reconstruct species-area theory using set theory. National Academy Science Letters, 38 (2): 173-177.

Pimentel D, Lach L, Zuniga R, et al. 2000. Environmental and economic costs of nonindigenous species in the United States. BioScience, 50(1): 53-65.

Pimentel D, McNair S, Janecka J, et al. 2001. Economic and environmental threats of alien plant, animal, and microbe invasions. Agriculture, Ecosystems & Environment, 84(1): 1-20.

Qiu J. 2013. China battles army of invaders. Nature, 503: 450, 451.

Quinlan M. 2016. Beyond Compliance : A Production Chain Framework for Plant Health Risk Management in Trade. Oxford: Chartridge Books Oxford.

Quinlan MM, Leach A, Jeger M, et al. 2020. Pest risk management in trade: the opportunity from using integrated combined measures in a systems approach (ISPM 14). Outlooks on Pest Management, 31(3):106-112.

Rhouma A, Helali F, Chettaoui M, et al. 2014. First report of fire blight caused by Erwinia amylovora on pear in Tunisia. Plant Disease, 98(1): 158.

Rosenzweig C, Iglesias A, Yang XB, et al. 2001. Climate change and extreme weather events ; implications for food production, plant diseases, and pests. Global Change and Human Health, 2(2): 90-104.

Salem N, Mansour A, Ciuffo M, et al. 2016. A new tobamovirus infecting tomato crops in Jordan. Arch Virol, 161: 503-506.

Soberón J, Peterson AT. 2005. Interpretation of models of fundamental ecological niches and species' distributional areas. Biodiversity Informatics, 2: 1-10.

State of Victoria Department of Primary Industries. 2009. Biosecurity Strategy for Victoria. Victoria: DPI.

Suthert RW, Maywald GF, Bottomley W. 1991. From CLIMEX to PESKY, a generic expert system for pest risk assessment. EPPO Bulletin, 21(3): 595-608.

Thuiller W, Lafourcade B, Engler R, et al. 2016. BIOMOD—a platform for ensemble forecasting of species distributions. Ecography, 32(3): 369-373.

Usinger RL. 1964. The role of Linnaeus in the advancement of entomology. Annual Review of Entomology, 9: 1-17.

van Cauwenberghe VL, Vanreusel A, Mees J, et al. 2013. Microplastic pollution in deep-sea sediments. Environmental Pollution, 182: 495-499.

van Klinken RD, Fiedler K, Kingham L, et al. 2020. A risk framework for using systems approaches to manage horticultural biosecurity risks for market access. Crop Protection, 129: 104994.

Vernon MS, Ray FS, Robert van den B, et al. 1959. The integrated control concept. Hilgardia, 29(1): 81-101.

Wang C, Hawthorne D, Qin YJ, et al. 2017. Impact of climate and host availability on future distribution of Colorado potato beetle. Scientific Reports, 7: 4489.

Wang C, Xu H, Pan XB. 2020. Management of Colorado potato beetle in invasive frontier areas. Journal of Integrative Agriculture, 19(2): 360-366.

Wang C, Zhang XL, Pan XB, et al. 2015. Greenhouses: hotspots in the invasive network for alien species. Biodiversity and Conservation, 24(7): 1825-1829.

Wilfried T, Bruno L, Robin E, et al. 2009. BIOMOD—a platform for ensemble forecasting of species distributions. Ecography, 32(3):369-373.

Wolk WD, Zilahi-Balogh GMG, Acheampong S, et al. 2019. Evidence that sweet cherry (*Prunus avium* L.) is not a host of codling moth (*Cydia pomonella* L., Lepidoptera: Tortricidae) in British Columbia, Canada. Crop Protection, 118: 89-96.

Work TT, McCullough DG, Cavey JF, et al. 2005. Arrival rate of nonindigenous insect species into the United States through foreign trade. Biological Invasions, 7: 323-332.

Worner SP, Gevrey M. 2006. Modelling global insect pest species assemblages to determine risk of invasion. Journal of Applied Ecology, 43: 858-867.

Xia YL, Huang JH, Jiang F, et al. 2019. The efficacies of fruit bagging and culling for risk mitigation of fruit flies of citrus in China: a preliminary report. Florida Entomologist, 101(1): 79-84.

Xie Y, Li ZY, Gregg WP, et al. 2001. Invasive species in China — an overview. Biodiversity & Conservation, 10: 1317-1341.

Xu H, Chen K, Ouyang ZY, et al. 2012. Threats of invasive species for China caused by expanding international trade. Environmental Science & Technology, 46(13): 7063, 7064.

Xu H, Pan XB, Song Y, et al. 2014. Intentionally introduced species: more easily invited than removed. Biodiversity and Conservation, 23: 2637-2643.

Yan ZY, Ma HY, Han SL, et al. 2019. First report of tomato brown rugose fruit virus infecting tomato in China. Plant Disease (early view), 103(11): 2973.

Yu YX, Chi ZH, Zhang JH, et al. 2019. Assessing the invasive risk of bark beetles (Curculionidae: Scolytinae and Platypodinae). Annals of the Entomological Society of America, 112(5): 451-457.

Zhang X, White RP, Demir E, et al. 2014. *Leptosphaeria* spp., phoma stem canker and potential spread of *L. maculans* on oilseed rape crops in China. Plant Pathology, 63(3): 598-612.

网 络 资 料

"漳州货"，走向世界！

http://www.customs.gov.cn//customs/xwfb34/mtjj35/2710958/index.html

《从国外引进农业种子、苗木检疫审批》

http://zwfw.moa.gov.cn/nyzw/index.html?redirectValue=43740#/service/particulars?id=5d698216a7444f30

b50b8e73213f4137

《关于国外农产品首次输华检验检疫准入程序（中、英文）》

http:// 中国海关总署 .cn/urumqi_customs/jyjy123/2099984/2100623/index.html

《关于切实做好 2020 年草地贪夜蛾监测防控工作的通知》

https://www.natesc.org.cn/News/des?id=20fc3456-c9c7-451c-93db-a8e830d6395c&kind=TZGG&Category=

通知公告 &CategoryId=07e72766-0a38-4dbd-a6a3-c823ce1172bd%EF%BC%89

《国外引种检疫审批管理办法》

http://jiuban.moa.gov.cn/zwllm/zcfg/nybgz/200806/t20080606_1057187.htm

《国务院办公厅关于印发国家标准化体系建设发展规划（2016-2020 年）的通知》

http://www.gov.cn/gongbao/content/2016/content_5033856.htm

《国务院关于修改部分行政法规的决定》

http://www.gov.cn/zhengce/content/2017-10/23/content_5233848.htm

《进出境动植物检疫法实施条例》

http://www.gov.cn/ziliao/flfg/2005-08/06/content_21042.htm

《进境（过境）动植物及其产品检疫审批服务指南》

http://www.customs.gov.cn/beijing_customs/434817/xzxk12/2793576/index.html

《进境植物和植物产品风险分析管理规定》（2018 年第一次修正）

http://zfs.customs.gov.cn/zfs/flgf/gfxwj19/2695014/index.html

《快递暂行条例》

http://www.moj.gov.cn/government_public/content/2018-03/27/593_202805.html

《农药管理条例》

http://www.moj.gov.cn/government_public/content/2017-04/05/593_202976.html

《农作物病虫害防治条例》

http://www.moj.gov.cn/government_public/content/2020-04/02/593_3245484.html

《全国农业植物检疫性有害生物名单》和《应施检疫的植物及植物产品名单》

http://jiuban.moa.gov.cn/zwllm/tzgg/gg/201006/t20100606_1534406.htm

《森林病虫害防治条例》

http://www.gov.cn/flfg/2005-09/27/content_70642.htm

《消耗臭氧层物质管理条例》

http://www.moj.gov.cn/Department/content/2010-04/19/596_203566.html

《植物检疫条例》

http://www.gov.cn/flfg/2005-08/06/content_21028.htm

《中国第二批外来入侵物种名单》

http://www.mee.gov.cn/gkml/hbb/bwj/201001/t20100126_184831.htm

《中国第一批外来入侵物种名单》

http://www.mee.gov.cn/gkml/zj/wj/200910/t20091022_172155.htm

《中国外来入侵物种名单（第三批）》

http://www.mee.gov.cn/gkml/hbb/bgg/201408/t20140828_288367.htm

《中国自然生态系统外来入侵物种名单（第四批）》

http://sts.mee.gov.cn/swaq/lygz/201708/t20170828_420478.shtml

《中华人民共和国标准化法》

http://www.moj.gov.cn/Department/content/2017-11/09/592_201373.html

《中华人民共和国草原法》

http://www.moj.gov.cn/Department/content/2003-02/20/592_201311.html

《中华人民共和国船舶吨税法》

http://www.moj.gov.cn/Department/content/2017-12/28/592_201239.html

《中华人民共和国电子商务法》

http://www.moj.gov.cn/Department/content/2018-09/03/592_201363.html

《中华人民共和国对外贸易法（2004年修订本）》

http://www.moj.gov.cn/Department/content/2004-05/28/592_201396.html

《中华人民共和国港口法》

http://www.moj.gov.cn/Department/content/2019-01/17/592_227072.html

《中华人民共和国海关法》

http://www.npc.gov.cn/npc/c30834/201711/62a7ddeb3d174964abf2ed40a5eeacb4.shtml

《中华人民共和国行政许可法》

http://www.moj.gov.cn/Department/content/2019-06/11/592_236647.html

《中华人民共和国进出境动植物检疫法》

http://www.gov.cn/ziliao/flfg/2005-08/05/content_20917.htm

《中华人民共和国立法法》

http://www.moj.gov.cn/Department/content/2015-03/19/592_201264.html

《中华人民共和国民用航空法》

http://www.moj.gov.cn/Department/content/2019-01/17/592_227059.html

《中华人民共和国农产品质量安全法》

http://www.moj.gov.cn/Department/content/2019-01/17/592_226992.html

《中华人民共和国农业法》

http://www.moj.gov.cn/Department/content/2012-12/31/592_201353.html

《中华人民共和国森林法》

http://www.gov.cn/xinwen/2019-12/28/content_5464831.htm

http://www.gov.cn/banshi/2005-09/13/content_68753.htm

《中华人民共和国生物安全法（草案二次审议稿）》（2020-04-30 至 2020-06-13 ）

 http://www.npc.gov.cn/flcaw/more.html

《中华人民共和国食品安全法》

 http://www.moj.gov.cn/Department/content/2019-01/17/592_227070.html

《中华人民共和国食品安全法实施条例》

 http://www.moj.gov.cn/government_public/content/2019-11/01/593_3235024.html

《中华人民共和国铁路法》

 http://59.252.138.6/jgzf/flfg/fl/201312/t20131231_4128.shtml

《中华人民共和国邮政法》

 http://www.moj.gov.cn/Department/content/2012-11/12/592_201262.html

《中华人民共和国渔业法》

 http://www.npc.gov.cn/wxzl/gongbao/2014-06/20/content_1867661.htm

《中华人民共和国种子法》

 http://www.moj.gov.cn/Department/content/2015-11/05/592_201295.html

《最高人民检察院、公安部关于公安机关管辖的刑事案件立案追诉标准的规定（一）的补充规定》解读

 http://www.spp.gov.cn/zdgz/201707/t20170710_195080.shtml

2018 年出入境检验检疫管理职责和队伍划入海关总署

 http://www.customs.gov.cn/customs/ztzl86/302414/302415/zl70zn_fdxsd/2566516/2585161/index.html

2019 年 12 月全国进口重点商品量值表（美元值）

 http://www.customs.gov.cn/customs/302249/302274/302275/2833746/index.html

2019 年出入境人员达 6.7 亿人次

 https://www.nia.gov.cn/n741440/n741567/c1199336/content.html

出境货物木质包装检疫处理管理办法

 http://www.customs.gov.cn/customs/302249/302266/302267/2371772/index.html

出入境快件检验检疫管理办法

 http://www.customs.gov.cn/customs/302249/302266/302267/2371633/index.html

出入境人员携带物检疫管理办法

 http://www.customs.gov.cn/customs/302249/302266/302267/2372877/index.html

大连海关首次在木质包装中截获松材线虫

 http://www.customs.gov.cn/customs/xwfb34/302425/2469807/index.htm

番茄褐色皱果病毒

 https://www.cabi.org/isc/datasheet/88757522

 https://gd.eppo.int/taxon/TOBRFV/categorization

非洲大蜗牛

 https://www.cabi.org/isc/datasheet/2640

风险预警及时 组织保障有力 黑龙江马铃薯甲虫防控成效突出

 https://www.natesc.org.cn/News/des?kind=dtxx&id=021dbf17-53a0-4cd9-a5fe-81461f9b74ca&Category=
 &CategoryId=959cd01c-e9fa-43d9-a04b-48317bdc3794

凤眼蓝

http://www.iplant.cn/info/Eichhornia%20crassipes?t=z

https://www.cabi.org/isc/datasheet/20544

关于《植物检疫条例实施细则（农业部分）（修订草案征求意见稿）》的说明

http://www.moj.gov.cn/news/content/2019-10/22/zlk_3234231.html

关于印发《进出境邮寄物检疫管理办法》的通知

http://www.gov.cn/gongbao/content/2002/content_61407.htm

国家林业和草原局公告（2019 年第 20 号）（全国林业有害生物普查情况）

http://www.forestry.gov.cn/main/394/20191224/112135258337006.html

国家林业和草原局公告（2019 年第 4 号）（2019 年松材线虫病疫区）

http://www.forestry.gov.cn/main/3457/20190424/162731641935736.html

国家林业局公告（2013 年第 4 号）（全国林业检疫性有害生物名单、全国林业危险性有害生物名单）

http://www.forestry.gov.cn/main/3600/content-581433.html

国家林业局关于印发《引进林木种子、苗木检疫审批与监管规定》的通知

http://www.forestry.gov.cn/main/72/content-651024.html

国家突发环境事件应急预案

http://www.gov.cn/yjgl/2006-01/24/content_170449.htm

国家邮政局公布 2019 年邮政行业运行情况

http://www.spb.gov.cn/xw/dtxx_15079/202001/t20200114_2005598.html

国家重点管理外来入侵物种名录（第一批）

http://www.moa.gov.cn/zwllm/tzgg/gg/201303/t20130304_3237544.htm

海关总署：出入境检验检疫划入海关

http://www.customs.gov.cn/customs/302249/mtjj35/1704760/index.html

海关总署：加强进口加拿大菜籽油检疫

http://www.customs.gov.cn/shenzhen_customs/511686/zdsxgk64/jcksyncpjslaqfxjkqk87/2688176/index.html

海关总署公告 2018 年第 127 号（关于调整水空运进出境运输工具监管相关事项的公告）

http://www.customs.gov.cn/customs/302249/302266/302269/2037172/index.html

海关总署公告 2019 年第 179 号（关于进口哈萨克斯坦饲用小麦粉检验检疫要求的公告）

http://www.customs.gov.cn/customs/302249/302266/302267/2712451/index.html

海关总署公告 2019 年第 190 号（关于进口韩国甜椒检验检疫要求的公告）

http://www.customs.gov.cn/customs/302249/2480148/2744629/index.html

海关总署公告 2019 年第 35 号（关于进口玻利维亚大豆植物检疫要求的公告）

http://www.customs.gov.cn/customs/302249/302266/302269/2316513/index.html

海关总署公告 2020 年第 12 号（关于进口巴西鲜食甜瓜植物检疫要求的公告）

http://www.customs.gov.cn/customs/302249/2480148/2850735/index.html

海关总署公告 2020 年第 32 号（关于进口美国马铃薯检验检疫要求的公告）

http://www.customs.gov.cn/customs/302249/2480148/2866536/index.html

海关总署公告 2020 年第 33 号（关于进口德国甜菜粕检验检疫要求的公告）

http://www.customs.gov.cn/customs/302249/2480148/2868124/index.html

海关总署公告 2020 年第 37 号（关于进口美国油桃植物检疫要求的公告）

http://www.customs.gov.cn/customs/302249/2480148/2877335/index.html

海关总署公告 2020 年第 39 号（关于进口乌兹别克斯坦花生检验检疫要求的公告）

http://www.customs.gov.cn/customs/302249/2480148/2882480/index.html

海关总署公告 2020 年第 3 号（关于进口阿根廷鲜食柑橘植物检疫要求的公告）

http://www.customs.gov.cn/customs/302249/2480148/2829407/index.html

海关总署公告 2020 年第 59 号（关于中国鲜食柑橘出口美国植物检疫要求的公告）

http://www.customs.gov.cn/customs/302249/302266/302267/3025894/index.html

海关总署公告 2020 年第 60 号（关于进口美国鲜食鳄梨植物检疫要求的公告）

http://www.customs.gov.cn/customs/302249/302266/302267/3025900/index.html

黄花刺茄

https://www.cabi.org/isc/datasheet/50544

进出境集装箱检验检疫管理办法（2018 年第一次修正）

http://zfs.customs.gov.cn/zfs/flgf/gfxwj19/2694992/index.html

进境货物木质包装检疫监督管理办法

http://zfs.customs.gov.cn/customs/302249/302266/302267/2371280/index.html

进境植物繁殖材料检疫管理办法

http://www.customs.gov.cn/customs/302249/302266/302267/2372716/index.html

进境植物和植物产品风险分析管理规定

http://www.customs.gov.cn/customs/302249/302266/302267/2372280/index.html

警惕，来自国际邮包中的危险

http://sh.xinhuanet.com/shstatics/zhuanti2014/jyjy/images/zt001.html

梨火疫

https://www.cabi.org/isc/datasheet/21908

辽宁举行危险性林业有害生物灾害处置应急演练

http://www.forestpest.org/newsmovement/picturenews/4028949e742ce8aa01744d1679650126.html

马铃薯甲虫

https://www.cabi.org/isc/datasheet/30380

宁波海关连续截获美国"松林杀手"——松材线虫（图）

http://www.customs.gov.cn//customs/xwfb34/302425/2571581/index.html

农业农村部办公厅关于印发《全国农业植物检疫性有害生物分布行政区名录》的通知

http://www.moa.gov.cn/nybgb/2019/201906/201907/t20190701_6320036.htm

农业农村部现行有效规章和规范性文件目录

http://www.moa.gov.cn/nybgb/2019/201906/201907/t20190701_6320030.htm

农业农村部种植业管理司关于《一类农作物病虫害名录》公开征求意见的通知

http://www.zzys.moa.gov.cn/gzdt/202006/t20200604_6345940.htm

全国农技中心关于加强苹果蠹蛾检疫防控工作的通知

https://www.natesc.org.cn/News/des?kind=&id=1efaef08-04e2-4395-a1fe-cc99b4acce9f&CategoryId=cb2a3d19-

a7bd-4aa0-8f4e-4fdda4842057

全国农技中心关于印发 2020 年红火蚁等重大植物疫情阻截防控方案的通知

　　https://www.natesc.org.cn/news/des?id=2ae20501-6943-4f2c-b636-f49ad2f5b10c&kind=TZGG&Category= 通知公告 &CategoryId=d00be10c-6b4f-478b-be40-39fab99f9710

全力做好新型冠状病毒肺炎疫情防控工作

　　http://www.nhc.gov.cn/xcs/xxgzbd/gzbd_index.shtml

汕头港海关退运 46 个携带残留转基因玉米种子的进境空集装箱（图）

　　http://www.customs.gov.cn//customs/xwfb34/302425/2749679/index.html

生物安全法草案首次提请最高立法机关审议

　　http://www.npc.gov.cn/npc/swaqflf003/201910/111c430fdb4447fa83fddeb2071eb5e8.shtml

世界贸易组织《贸易便利化协定》文本

　　http://sms.mofcom.gov.cn/article/wtofile/201510/20151001138374.shtml

术语在线

　　www.termonline.cn

松材线虫

　　https://www.cabi.org/isc/datasheet/10448

通过清洁海运集装箱降低有害生物传播的风险

　　http://www.fao.org/3/ca7670zh/CA7670ZH.pdf

突发环境事件应急管理办法

　　http://www.mee.gov.cn/gkml/hbb/bl/201504/t20150429_299852.htm

我国允许进口粮食和植物源性饲料种类及输出国家 / 地区名录

　　http://dzs.customs.gov.cn/dzs/2747042/2753830/index.html

早春草地贪夜蛾发生动态

　　https://www.natesc.org.cn/news/des?id=cbaf82a3-b704-493d-9358-38968ce73f93&Category= 全 文 搜 索 &CategoryId=5bbe63ce-360e-4720-b2ea-9975da2e2af2

植物保护法立法启动

　　http://www.npc.gov.cn/npc/c12754/201104/2c6506b97805464ab3350ec043e66ca9.shtml

植物防疫法施行规则

　　https://www.maff.go.jp/pps/j/law/houki/shorei/shorei_12_html_12.html

植物检疫条例实施细则（农业部分）（修订草案征求意见稿）

　　http://www.moj.gov.cn/news/content/2019-10/22/zlk_3234230.html

质检总局关于进口油菜籽实施紧急检疫措施的公告

　　http://www.gov.cn/gzdt/2009-11/10/content_1460923.htm

中华人民共和国动植物检疫总所印发《中华人民共和国动植物检疫总所关于进境运输工具植物检疫疫区名单》的通知

　　http://m.cqn.com.cn/zj/content/2004-04/29/content_554832.htm

中华人民共和国国家质量监督检验检疫总局、国家林业局、海关总署、对外贸易经济合作部公告 2002 年第 5 号（对韩国货物的木质包装实施临时紧急检疫措施）

　　http://www.customs.gov.cn/customs/302249/302266/302267/356461/index.html

中华人民共和国海关总署动植物检疫司机构职能

    http://www.customs.gov.cn/customs/zsgk93/jgzn95/jgzn5/2011750/index.html

中华人民共和国进境检疫性有害生物名录

    http://www.moa.gov.cn/govpublic/ZZYGLS/201006/t20100606_1534028.htm

中华人民共和国进境植物检疫禁止进境物名录

    http://dzs.customs.gov.cn/dzs/2746776/2753422/index.html

中华人民共和国禁止携带、邮寄进境的动植物及其产品和其他检疫物名录

    http://www.moa.gov.cn/govpublic/SYJ/201202/t20120224_2489665.htm

中华人民共和国突发事件应对法

    http://www.gov.cn/flfg/2007-08/30/content_732593.htm

准予进口农产品名单

    http://dzs.customs.gov.cn/dzs/2746776/3062131/index.html

@Risk

    https://www.palisade.com/risk/

Adopted Standards (International Standards for Phytosanitary Measures)

    https://www.ippc.int/en/core-activities/standards-setting/ispms/

CLIMEX-DYMEX

    https://www.hearne.software/Software/CLIMEX-DYMEX/Editions

CO_2 concentration from National Oceanic and Atmospheric Administration

    https://www.esrl.noaa.gov/gmd/ccgg/trends/

Convention text of International Plant Protection Convention

    https://www.ippc.int/en/core-activities/governance/convention-text

COVID-19 Dashboard by the Center for Systems Science and Engineering (CSSE) at Johns Hopkins University (JHU)

    https://gisanddata.maps.arcgis.com/apps/opsdashboard/index.html#/bda7594740fd40299423467b48e9ecf6

EPPO activities on plant quarantine

    https://www.eppo.int/ACTIVITIES/quarantine_activities

EPPO Global Database

    https://gd.eppo.int/taxon/LAPHFR/categorization

EPPO standards

    https://www.eppo.int/RESOURCES/eppo_standards

First Detection of Fall Armyworm in China

    https://www.ippc.int/en/news/first-detection-of-fall-armyworm-in-china

Food and Agriculture Data

    http://www.fao.org/faostat/en/

G/SPS/N/KOR/212

    http://spsims.wto.org/en/ModificationNotifications/View/149049

Global Biodiversity Information Facility

    https://www.gbif.org/

GLOBALLAND30

https://www.globeland30.org

Köppen-Geiger Climatic Zones

https://www.climond.org/Koppen.aspx

List of Invasive Alien Species of Union Concern

https://ec.europa.eu/environment/nature/invasivealien/list/index_en.htm

List of the Import Prohibited Plants (Annexed Table 2 of the Ordinance for Enforcement of the Plant Protection Act)

https://www.maff.go.jp/pps/j/law/houki/shorei/E_AnnexedTable2_from_20201111.html

Commodity Import Report (CIR)

Mango (Fruit) from India into Continental U.S. Ports

https://epermits.aphis.usda.gov/manual/index.cfm?action=cirReportP&PERMITTED_ID=10577333

NAPPO APPROVED STANDARDS (Regional Standards for Phytosanitary Measures)

http://www.nappo.org/english/products/regional-standards/regional-phytosanitary-standards-rspms/

Overview of International Plant Protection Convention

https://www.ippc.int/en/about/overview/

Pest Reports Bulletin

https://www.ippc.int/en/countries/reportingsystem-summary/all/

PHYTOSANITARY REQUIREMENTS FOR IMPORTATION OF FRESH ORANGE FRUIT (*Citrus sinensis*) IMPORTED FROM AUSTRALIA INTO VIETNAM

https://micor.agriculture.gov.au/Plants/Protocols%20%20Workplans/Vietnam%20-%20Oranges%20Protocol.pdf

Plant Epidemiology and Risk Analysis Laboratory

https://www.aphis.usda.gov/aphis/ourfocus/planthealth/ppq-program-overview/sa_cphst/ct_peral

Commodity Import Report (CIR)

Potato (Tuber) from Mexico into All Ports

https://epermits.aphis.usda.gov/manual/index.cfm?action=cirReportP&PERMITTED_ID=10596800

Publications of International Plant Protection Convention

https://www.ippc.int/en/publications/

Quarantine Pest List

(Annexed Table 1 of the Ordinance for Enforcement of the Plant Protection Act)

http://www.pps.go.jp/english/law/list1.html

Regional Plant Protection Organizations

https://www.ippc.int/en/external-cooperation/regional-plant-protection-organizations/

Sanitary and Phytosanitary Information Management System

http://spsims.wto.org/en/Notifications/Search?DoSearch=True&NotificationFormats=1&NotificationFormats=7&NotificationFormats=200&NotificationFormats=201&NotificationFormats=202&NotificationFormats=203&NotificationFormats=8&NotificationFormats=9&DisplayChildren=true&SearchTerm=ToBRFV

Seed contaminants and tolerance tables

https://www.agriculture.gov.au/import/goods/plant-products/seeds-for-sowing/contaminants-tolerance

Text of Convention on Biological Diversity

https://www.cbd.int/convention/text/

The Distribution Boundaries of Flora And Fauna

https://www.britannica.com/science/biogeographic-region/The-distribution-boundaries-of-flora-and-fauna

The WTO Agreement on the Application of Sanitary and Phytosanitary Measures (SPS Agreement）

https://www.wto.org/english/tratop_e/sps_e/spsagr_e.htm

Commodity Import Report (CIR)

Tomato (Fruit，stem，calyx，and vine，as specified) from Spain into All Ports

https://epermits.aphis.usda.gov/manual/index.cfm?action=cirReportP&PERMITTED_ID=8658

U.S. Regulated Plant Pest List

https://www.aphis.usda.gov/aphis/ourfocus/planthealth/import-information/rppl

USDA Taking Action to Protect the United States from Tomato Brown Rugose Fruit Virus

https://www.aphis.usda.gov/aphis/newsroom/stakeholder-info/SA_By_Date/2019/SA-11

USDA Treatment Manual

https://www.aphis.usda.gov/import_export/plants/manuals/ports/downloads/treatment.pdf

World Trade Statistical Review 2019

https://www.wto.org/english/res_e/statis_e/wts2019_e/wts19_toc_e.htm

后 记

　　中国检验检疫科学研究院植物检验与检疫研究所的前身是农业部植物检疫实验所，当时就设有检疫情报资料研究室，现在还活跃在一线的梁忆冰研究员也是我所的老前辈。这些年来我所牵头完成各类进出境植物和植物产品有害生物风险分析报告数十份，为防范重要有害生物随进口农产品传入我国、保护我国农林业生产和生态环境安全做出了重要贡献；牵头完成的《中华人民共和国进境植物检疫性有害生物名录》和《澳门特别行政区植物检疫性有害生物列表》，已由相关部门发布实施。

　　我是 2012 年入职植物检验与检疫研究所并开始从事有害生物风险分析工作的。厚重的历史给予了我深入学习有害生物风险分析的宝贵机会。特别是严进研究员，他从最初的野米和藻类初步评估，到境外水果输华有害生物风险分析报告，再到助力农产品出口和生物安全风险管理，一直以来给予了细致的教导，让我对这个领域有了全方位的认识。李尉民研究员撰写了我国第一本有害生物风险分析专著，牵头完成了第一个有害生物风险分析国家标准，2020 年又出版了《国门生物安全》著作，这些都是我完成本书的重要参考资料。我协助朱水芳研究员与全国其他 66 位植物检疫专家共同完成了 110 万字的《植物检疫学》，在这期间向各位专家学习了植物检疫分支领域的最新知识，也感受到了他们严谨的治学态度和专业热情。

　　2003 年，我选修了中国农业大学李志红教授的"动植物检疫概论"课程，没想到 10 年后从事的正是植物检疫工作，还幸运地成为母校中国农业大学的硕士研究生兼职导师，与李志红教授及其他老师共同指导了王聪、邵思、孙佩珊、迟志浩、魏巍、卢国彩、蓝帅、田若瑾、刘明迪、丁子玮等研究生。感谢原国家质量监督检验检疫总局的基层人员进修计划，使我有机会与罗志萍、王溪桥、杨益芬、周慧、延涵等一线专家交流和合作。

　　我要特别感谢原出入境检疫、农业检疫与林业检疫等部门这些年提供的支持，以及多位领导和专家给予的耐心指导。特别感谢夏育陆、张润志、戎郁萍、张爱荣、吴杏霞、孙双艳、马菲、黄静、徐岩、陈克、黄英、徐晗、郑明慧、何佳遥等学者和同事的关心与帮助。本书的顺利出版离不开科学出版社的支持，感谢张静秋编辑耐心而细致的编审工作，她和《植物检疫》范晓虹主编提出了很多植物检疫领域的专业意见。

　　这些年的学术生涯使我逐渐养成了围绕概念开展科研的习惯。正如我基于集合论实现了对种面积理论的重构，完成了 SAR、EAR、OAR、α 生物多样性、β 生物多样性、γ 生物多样性、相对物种多度等多概念在新框架下的定量关系，为生物多样性研究公理化及理论大统一奠定了基础。如今同样的思路应用到植物检疫有害生物风险分析，惊喜地发现这一方法同样有效。检疫作为人类历史的血泪长篇、人类发展的不屈战歌、人类命运的终极考验，如何仗"检"高歌、与"疫"同行，需要人类社会谨慎抉择。

　　谨以本书感谢国家对我的长期培养和家人对我的一贯支持。